街を駆ける EV・PHV

電気自動車　　　　プラグインハイブリッド自動車

基礎知識と普及に向けたタウン構想

日刊工業新聞社―編　次世代自動車振興センター―協力

日刊工業新聞社

はじめに

　ハイブリッド車に続き、電気を利用するEV（電気自動車）やPHV（プラグインハイブリッド自動車）が次世代のクルマとして注目されています。ガソリン車と比べて二酸化炭素（CO_2）の排出削減につながるなど、地球にやさしい乗り物です。ガソリン代よりもコストは安く済み、災害時のバックアップ電源としても活用できるなど、さまざまなメリットがあります。

　その一方で、一般的に利用できる環境になるまでにはまだまだ時間がかかると考えている人も多いようです。心配な点として挙げられているのは、航続距離の短さと充電スポットの少なさでしょう。しかし、そういった状況は、この数年で大きく変わってきています。

　1回の充電で200km（JC08モード）以上走る電気自動車も出てきていますし、PHVにはガソリンエンジンも搭載されています。また、一番の懸案ともいえる充電スポットは順調に増えています。政府は、2020年には乗用車販売の約15〜20％をEV・PHVにするとの目標を掲げ、国家を挙げてEV・PHVの普及に取り組んでいます。

　具体的には、自治体や企業、研究機関が協力して、街ぐるみでEV・PHV導入とインフラ整備が進められています。さらに、EVやPHVの購入、自宅などへの充電設備の設置などに対する補助金や、税金の優遇制度など、購入者への配慮も充実してきています。

　本書は、EV・PHVとはどのようなものなのかを解説するとともに、EV・PHVを取り巻く状況や各自治体の現状を一冊にまとめました。ベースとなったのは、次世代自動車振興センターがまとめた「次世代自動車充電インフラ EV・PHV－普及に向けた調査－」（2014年）です。また、経済産業省の取組みや充電インフラの普及推進活動を進めるチャデモ（CHAdeMO）協議会、日本充電サービス（NCS）などの活動状況や各種情報も盛り込んでいます。

　EV・PHVに興味のある方や購入を考えている方、関連ビジネスが想定される企業の担当者、大規模集合住宅や店舗にインフラとして充電設備の導入を考えている方など、幅広い方々に役に立つ情報が集めました。活用いただければ幸いです。

最後に、本書をまとめるにあたり、次世代自動車振興センター、チャデモ協議会、日本充電サービス、各自動車メーカーの資料・写真を引用および参考にさせていただきました。御礼申し上げます。

2014年9月

目 次

街を駆ける EV・PHV
電気自動車　　プラグインハイブリッド自動車

はじめに 1

第1章　EV・PHVの基礎知識

1-1　**自動車が大きく変わる**
　　　なぜ今、EVとPHVに注目が集まっているのか? 12

1-2　**EVの強み**
　　　自動車はエンジンよりモーターが好き 14

1-3　**ハイブリッド車からPHVへ**
　　　PHVはエンジン付きの電気自動車 16

1-4　**EVの歴史**
　　　電気自動車はガソリン車の先輩だった 18

1-5　**EVを蘇らせた先端技術**
　　　電池、パワーエレクトロニクス、制御の進歩 20

1-6　**EVの心臓部**
　　　交流同期モーターの基礎知識 22

1-7　**こんなにすごいEV・PHV①**
　　　地球にやさしい、すぐれた環境性能 24

1-8　**こんなにすごいEV・PHV②**
　　　人にもやさしい、安全で安心な自動車 26

1-9　**EV・PHVの普及に向けて①**
　　　インフラ整備と行政支援がEV時代を拓く 28

1-10　EV・PHVの普及に向けて②
　　　地域活性化の拠点としてEVセンターを……………………… 30

1-11　EV・PHVの普及に向けて③
　　　EVを導入するにはワケがいる……………………………… 32

1-12　EV・PHVの未来①
　　　新電池開発とキャパシタの活用……………………………… 34

1-13　EV・PHVの未来②
　　　将来的にはケーブルなしのワイヤレス充電も……………… 36

1-14　EV・PHVの未来③
　　　「自動車」の枠を超える新機能の実現……………………… 38

　　　〈コラム〉充電器の種類と上手な使い分け……………………… 42

第2章　先進的なEV・PHVタウン

2-1　Case1　神奈川県
　　　日本で最もEVが普及しているEV先進地域………………… 44

2-2　Case2　愛知県
　　　官民連携で次世代自動車の普及に尽力……………………… 50

2-3　Case3　長崎県
　　　マスコミや海外からも注目されるEV先進地………………… 56

　　　〈コラム〉経済産業省の「EV・PHVタウン構想」……………… 62

第3章　EV・PHV普及の現状と補助金の仕組み

- 3-1　EV・PHVを取り巻く状況
  充電インフラ整備と多目的価値の創造で普及が加速 ……………… 64
- 3-2　自動車メーカーの取組み
  技術開発だけでなくインフラ整備にも尽力 ………………………… 66
- 3-3　補助金の利用手順
  EV・PHVと充電設備の補助金 ……………………………………… 68
- 3-4　充電設備設置のための補助金
  公共的な場所には購入費と工事費の最大3分の2を補助 ………… 70
- 3-5　日本の主要メーカーの詳細情報
  トヨタ、日産、ホンダ、三菱自動車のEV・PHV ………………… 72

  〈コラム〉外国メーカーも続々と日本市場にEV・PHVを投入 ………………… 74

第4章　全国のEV・PHVタウン＆海外の取組み

- 4-1　広がるEV・PHVタウン
  インフラ整備を中心にEV・PHV導入に取り組む自治体 ………… 76

4-2 　全国のEV・PHVタウン

Case1　青森県
「EV・PHVタウン推進アクションプラン」を推進中 ……………… 78

Case2　栃木県
独自の環境立県戦略で目指すEV・PHVの普及 ……………………… 82

Case3　埼玉県
"スマートビークルコミュニティタウン埼玉"を掲げ、
EV・PHV導入を推進 ……………………………………………………… 86

Case4　東京都
EV・PHVの導入促進とともに
EVバスなど公共交通機関でも活用 …………………………………… 90

Case5　新潟県
県内経済の発展を目指して、
さらなるEV・PHVの普及促進を ……………………………………… 94

Case6　福井県
CO_2の大幅削減を目指して積極的に導入を支援 ………………… 98

Case7　岐阜県
「低炭素エネルギー需給のモデル地域」として
EV・PHVを推進 ………………………………………………………… 102

Case8　静岡県
EVの魅力と可能性を広く県内外にアピール ……………………… 106

Case9　京都府
全国最高水準のEV・PHV普及率を目指す ………………………… 110

Case10　大阪府
さまざまな取組みが結実しつつある「EV・PHVのまち」……… 114

Case11　鳥取県
広域観光、カーシェアリング、
デマンド交通など幅広く利用……………………………………… 118

Case12　岡山県
鳥取県とも連携しながら、着実に目標をクリア………………… 122

Case13　佐賀県
24時間のEVユビキタスネットワークを構築…………………… 126

Case14　熊本県
デザインガイドブック作成などユニークな取組みに期待……… 130

Case15　沖縄県
EV・PHVの普及と利用促進で環境負荷の低減を目指す……… 134

4-3　注目したい自治体の先進的取組み
Case1　伊勢市
低炭素社会に向けた行動計画
「おかげさまAction!」を推進…………………………………… 138

Case2　兵庫県淡路島
「あわじ環境未来島構想」の一環で
「EVアイランドあわじ」を展開………………………………… 142

Case3　薩摩川内市
甑島のエコアイランド化で環境意識の変換を活性化…………… 146

4-4　海外の取組み
　　Case1　アメリカ・ニューヨーク
　　2020年までにタクシーの3分の1をEVに ……………………………… 150

　　Case2　エストニア・タリン
　　温暖化ガス排出枠の代金の一部を
　　電気自動車で支払う契約を締結 ………………………………………… 154

　　〈コラム〉日本のEV・PHV技術を世界へ ……………………………… 158

第1章

EV・PHVの基礎知識

電気自動車　プラグインハイブリッド自動車

1-1 自動車が大きく変わる

なぜ今、EVとPHVに注目が集まっているのか？

　自動車といえば、これまではガソリンや軽油を燃料とするエンジン動力のものが主流でした。しかし今、電力で走る電気自動車（Electric Vehicle = EV）と、コンセントから直接、充電できるプラグインハイブリッド自動車（Plug-in Hybrid Vehicle = PHV）に注目が集まっています。なぜなのでしょうか？

　最大の理由は、EVとPHVがエンジンだけで走る自動車に比べて地球にやさしい乗り物だからです。環境負荷の目安として、それぞれの二酸化炭素（CO_2）排出量を比べてみましょう。するとEVはガソリン車の4分の1程度しかCO_2を出していないことがわかります。PHVの場合は走行のしかたによって変わりますが、充電走行（EV走行）を多くすればEVに近づいていくはずです。

　大気中のCO_2濃度の上昇は地球温暖化の要因の1つだと考えられており、未来のことを考えたらEVやPHVをもっと積極的に普及させていくべきなのです。モーターを動かす電気も多くは石炭や天然ガスなどの化石燃料からつくられますが、ガソリン車に比べて効率良くエネルギーを利用できることから、EVの普及は貴重な資源の節約にもつながります（1-7項参照）。

　このようにすぐれた点の多いEVなのですが、これまであまり人気がなかったのは、性能や使い勝手などの面でガソリン車やディーゼル車に勝てなかったからです。充電1回で走行できる距離（航続距離）が短く、しかも充電できる場所が限られていたため、全国どこでも給油ができ、満タンにすると700km〜800kmは走ることのできるガソリン車に比べて魅力に欠けていました。

　しかし、ここにきて状況は大きく変わってきています。現在、市販されている日産自動車のリーフは1回の充電で228km（JC08モード）の走行が可能であり、日常的な使用であれば十分です。しかもそのコストはフル充電で300円ほどと、ガソリン車に比べてかなり安いのです（100円で約80km走れる計算になります）。充電インフラの整備も進んでおり、利便性はますます高まっていくでしょう。

　人々が自動車に乗る条件はさまざまです。毎日の通勤や買いものに利用する程度であれば800kmもの航続距離は必要ありませんし、充電も計画的に行えます。多くのユーザーが徐々にEVやPHVの魅力に気付き、乗り換えていくようになれば、世の中は大きく変わるのです。

EVとその他の自動車との環境性能比較

1km 走行あたりの CO_2 排出量 (g-CO_2/km)

- ガソリン車: ~195
- 天然ガス自動車: ~150
- ハイブリッド車／ガソリン: ~125
- ハイブリッド車／ディーゼル: ~90
- 燃料電池自動車: ~60
- 電気自動車(EV): ~50

出典：『ヒートアイランド現象による環境影響等に関する調査業務』（環境省、2010年）

市販EVの特徴 ― 日産自動車リーフの場合

1. 日常使用には十分な航続距離

1回の充電で228kmを実現。
※JC08モード（国土交通省審査値）

2. 低いランニングコスト

満タン充電の電力料金は約300円。

3. 家庭用電源で手軽に充電が可能

非常用のバックアップ電源としても使用できる。

4. 広がる充電スポットのネットワーク

2014年6月時点で、全国で5520箇所の充電スポットが利用可。今後も積極的に拡充していく予定。

5. 補助金と減税で利用者優遇

国の補助金最大53万円をはじめ地方自治体の補助金やエコカー減税で購入費用を抑えられる。

出典：日産自動車資料

Point
- CO_2排出量はガソリン車の約4分の1と地球にやさしいEV・PHV
- 日常使用では問題ない性能で、ランニングコストや購入費用も有利

1-2 EVの強み

自動車はエンジンより
モーターが好き

　ここで改めて、EVとはどういう自動車なのかを考えてみましょう。みなさんならどんな答えを思い付きますか？

「ガソリンの代わりに電気で動くクルマでしょ」

「エンジンではなくモーターで走るんだよ」

　もちろん、その通りなのですが、ただ、それだけではEVがなぜガソリン車よりすぐれた環境性能を示すのかわかりません。そこで右ページの上図を見てください。ひと目でわかるようにEVではガソリン車の燃料タンクが蓄電池※（バッテリー）に、エンジンが電気モーターに置き換えられています。さらに、もう少し詳しく見ていくとガソリン車にある変速機（トランスミッション）がありません。

　ガソリンエンジンにしろ、軽油で動くディーゼルエンジンにしろ、内燃機関と呼ばれる動力装置は、ある特定の回転数のときに発揮される力（トルク）がピークに達します。逆にそれ以外のときには急激に力が落ちてしまうのです（右ページ下図の左上のグラフ）。ところが自動車というのは低回転数の発進・加速中に最も大きな駆動力が必要であり、速度が出てしまえばあとは少しの力でもスピードを落とさずに走っていけます。あまり回転数を変えたくないエンジンでこのような「望みの特性」を実現するのは大変であり、そのためにガソリン車やディーゼル車には複雑な変速機が必要になるのです。一方、電気モーターの回転数によるトルク特性は自動車における望みの特性とほぼ一致していますから、簡単な減速機を付けるだけでそのまま走行できます。つまり、エンジンよりモーターのほうが自動車の動力源としては向いているのです。

　変速機はたくさんの金属部品を組み合わせてつくる複雑な機械ですから重量があるうえ、「変速」の過程においてどうしてもエネルギーロスが生じます。それが不要なEVは構造的にシンプルなだけでなく、エネルギー効率においても有利なのです。

　なお、上図の構造図でⓒと書いてあるのは、この段階でコンピュータによる制御（コントロール）を行うことを意味します。現代の自動車の性能を左右する重要な部分ですが、あとで説明するように、この部分でもEVとガソリン車とでは大きな差が出てきます。

※蓄電池：充電して繰り返し使用できる電池。「2次電池」ともいう。

ガソリン車とEVの違い

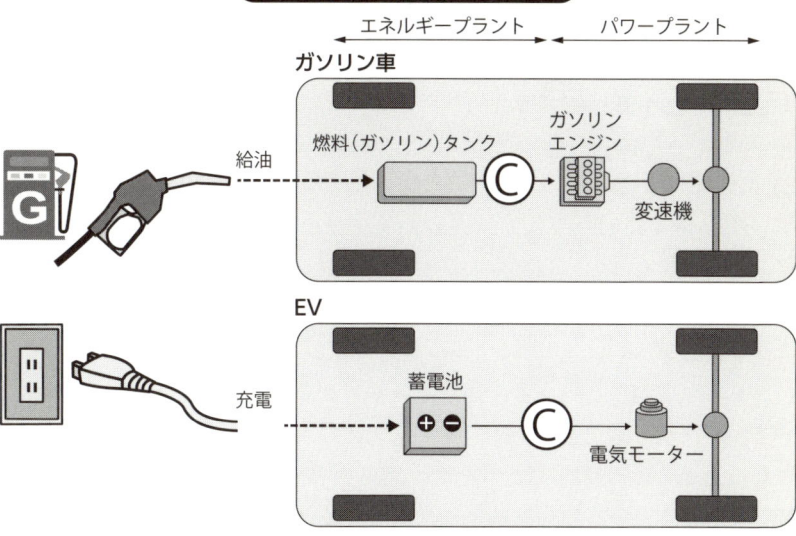

モーターのほうが自動車に向いている

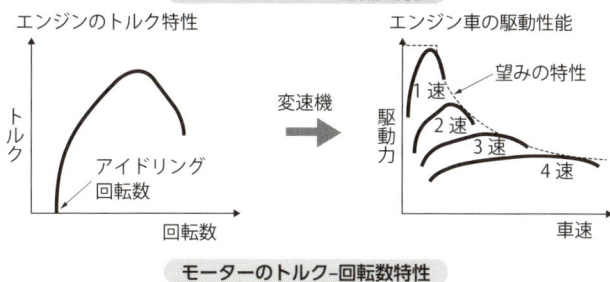

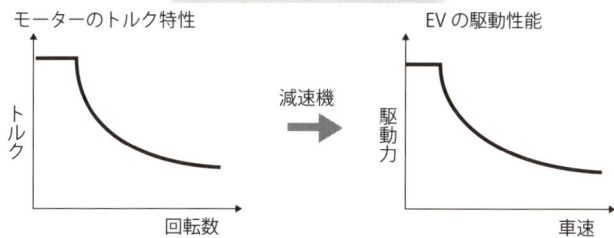

出典:『トコトンやさしい電気自動車の本』(日刊工業新聞社、2009年)

Point
- EVはエンジンだけでなく複雑な変速機も不要にしている
- モーターはきめ細かい制御ができ、省エネ走行が可能

1-3 ハイブリッド車からPHVへ

PHVはエンジン付きの電気自動車

　EVに先駆けて普及し、エコカーの代表にもなっているのがハイブリッド自動車（Hybrid Vehicle = HV）です。ハイブリッドとは2つ以上の異なるものの組み合わせを意味し、自動車の場合はエンジンと電気モーターの2つを動力源とするタイプが一般的です。方式は大きく3種類に分けられます。

- パラレル方式

　パラレル（並列）という名の通りエンジンとモーターの両方を車輪の駆動に使います。前項で説明したようにエンジンは低回転のときにトルクが出にくいことから発進と最初の加速はモーターで行い、スピードを上げてからエンジンの特性を活かすといった相互補完効果によって効率的なエネルギー利用を目指します。

- シリーズ方式

　シリーズ（直列）は「エンジン→発電機→モーター」が一直線につながっているという意味で、エンジンは最適な回転数のままひたすら発電機を回し、そこからの電気でモーターを動かして走ります。つまり、発電機付きEVともいえるもので、重い変速機が必要ないというメリットがあります。

- スプリット方式

　エンジンからの動力を分割（スプリット）して車輪駆動と発電機を回すのに使うことからこの名前が付いています。先の2つの方式の長所を上手に活かしているところから「シリーズ・パラレル方式」とも呼ぶこともあります。

　もともとモーターはエンジンに比べて効率が良い動力源であるうえ、コンピュータシステムによるきめ細かい制御が可能であることから、EVが省エネ走行に有利なことはわかっていました。しかし、HVが日本で開発され始めた1980年代には十分な航続距離を実現できる高性能の蓄電池がなかったのと、充電インフラも整備されていなかったことから、ガソリン車と同じ感覚で乗れるHVが先に市販化されたのです。その後、リチウムイオン2次電池が実用化されるとEVの開発が一気に進みますが、併行してHVの技術と実績を活かしたPHVの商品化にも力が入れられました。PHVは充電した電力だけでも走行できるうえ、遠出したときにはガソリンスタンドで給油できる便利な自動車であり、さまざまな使い方をするユーザーには最適な1台だといえるでしょう。

PHVの仕組み

三菱自動車工業のPHV「アウトランダーPHEV」は、フロント・リアにある2つのモーターにより4WD走行を可能にしている。

出典：三菱自動車工業資料

PHVの走行モード

アウトランダーPHEVは、EVモードのほかにシリーズモードとパラレルモードを自動で切り替える。

PHEVシステムの3つの走行モード―最適な走行モードを走行状態にあわせて自動で選択―

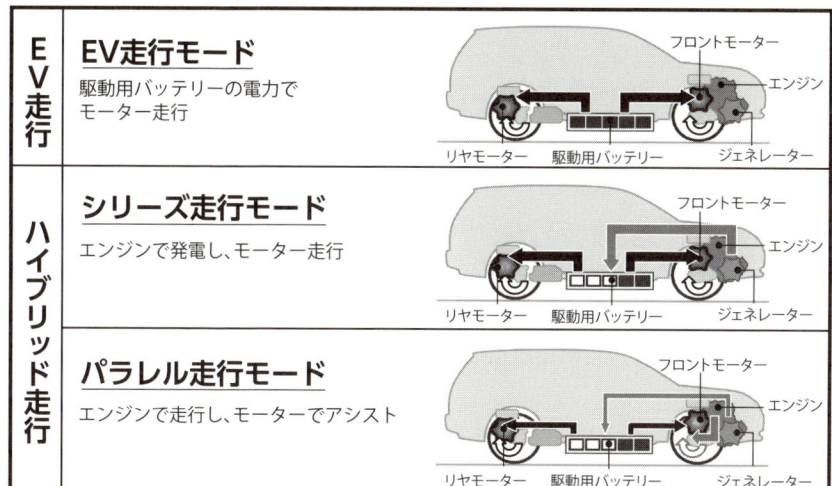

	モード	説明
EV走行	EV走行モード	駆動用バッテリーの電力でモーター走行
ハイブリッド走行	シリーズ走行モード	エンジンで発電し、モーター走行
ハイブリッド走行	パラレル走行モード	エンジンで走行し、モーターでアシスト

出典：三菱自動車工業資料

Point
- バッテリーの高性能化によりPHVの実用化が可能に
- PHVは省エネのEV走行と燃料補給のしやすさを両立

1-4 EVの歴史

電気自動車はガソリン車の先輩だった

　自動車の歴史は1769年にフランスで蒸気式のものが発明されたときから始まります。しかし蒸気機関はどうしても大型になりがちで、頻繁に給水する必要があったため自動車の動力源としては使いにくく、普及はしませんでした。

　それから60年以上たった1830年代、ヨーロッパのいくつかの国で本格的な自動車の開発が始まります。ようやく実用的な動力源が見つかったからで、それは電池とモーターの組み合わせでした。つまりEVは180年近い歴史を持つ古い乗り物でもあるのです。一方、ガソリン車が発明されたのはさらに約60年後の1890年代ですから、EVのほうがずっと先輩でした。

　20世紀になるまではEVが優勢で、1899年には最高時速100kmを突破するレースカーまで登場しています。ベンツやフォルクスワーゲンの生みの親であるフェルディナント・ポルシェや発明王トーマス・エジソンもEVの開発に夢中になるほど有望だったのです。

　ところが1908年にアメリカのフォード・モーター社がT型フォード（Ford Model T）と呼ばれる普及型ガソリン車の大量生産を始めると、自動車の主流はエンジン式へ移っていきます。EVが負けた理由はバッテリーの性能があまり上がらず、1回の充電で走れる距離がせいぜい数キロメートルに留まっていたからです。電力インフラも未整備だった時代、少しでも航続距離の長いガソリン車のほうが実用に向いていました。

　ガソリン車が売れ始めるとフォード以外にも多くのメーカーが参入し、開発に力を入れます。その結果、品質の向上と低価格化が急激に進み、さらに普及していくことになるのです。そして時代に乗り遅れたEVは、1920年代以降、配達用や屋内用といった限定的な用途を除いて市場から姿を消してしまいました。

　しかし忘れてはいけないのは、EVは走行性能など自動車としての基本的な部分ではガソリン車に負けていないという点です。そのことは、鉄道が「蒸気式（SL）→エンジン式（ディーゼルカー）→電気式（電車）」と進化してきたことでもわかります。もし安定的にエネルギーを供給できる方法があればEVは蘇る。そんな期待は自動車の開発に携わる多くの人の胸にありました。だからこそ、今、再びEVに注目が集まってきたのです。

EV・PHV関連年表

1769	フランスのニコラ＝ジョゼフ・キュニョーが蒸気機関式自動車を発明
1800	イタリアのアレッサンドロ・ボルタが電池（ボルタ電池）を発明
1831	イギリスのマイケル・ファラデーが発電機の原理を発見
1832〜1839	スコットランドのロバート・アンダーソンがモーターと簡単な電気自動車を発明
1835	オランダのストラチンが小型の3輪電気自動車を設計し、助手が製作
1842	アメリカのトーマス・ダベンポートが道路を走れる実用的な電気自動車を発明
1859	フランスのガストン・プランテが鉛蓄電池を発明
1866	ドイツのシーメンス社が実用的な発電機を開発
1873	イギリスのロバート・ダビットソンが鉄亜鉛電池（1次電池）による実用電気自動車を開発
1881	フランスのアミーユ・フォーレが鉛蓄電池を改良し充電式電気自動車の実用化に成功
1891	イギリスでガソリンエンジン式の自動車が発明される
1897	ロンドンとニューヨークで電気自動車のタクシーが走る
1899	ベルギーのカミーユ・ジェナッツィが電気レースカー「ジャメ・コンタント」で時速106kmの高速度記録を達成
1900	アメリカで自動車の生産台数が4000台を突破、そのうち電気自動車が40％を占める
1908	アメリカのフォード・モーター社がガソリン車「Ford Model T」の量産を開始
1909	アメリカのトーマス・エジソンがニッケル・アルカリ2次電池を発明、航続距離160kmの電気自動車（最高時速80km）を開発するものの実用化は断念
1911	日本自動車が輸入車を参考に電気自動車の試作を開始
1934	日本電気自動車製造が小型車の製造を開始
1949	日本の電気自動車普及台数は3299台で自動車保有台数の約3％に及んだ
1955	電気自動車はほとんど使われなくなり、日本の道路運送車両法からも関連項目が削除される
1960年代半ば	自動車の排気ガスによる大気汚染が問題になり、新たに電気自動車の研究が始まる
1970	日本万国博覧会で電気自動車275台が会場用移動手段として使用される
1971	通産省工業技術院が電気自動車開発の大型プロジェクトを開始し、多くのメーカーが参加
1980年代	エンジンの排ガス浄化技術の進歩で電気自動車の開発ムードが後退
1990	ニッケル水素2次電池（Ni-MH）の量産開始
1991	リチウムイオン2次電池（LiB）が実用化される
1996	日本で電気自動車等普及整備事業が開始され、各メーカーが試作車などを発表
1997	トヨタ自動車が世界初の量産型HV「プリウス」を発売（電池はNi-MH） 本田技研工業（ホンダ）が電気自動車「EV PLUS」をリース販売
1999	日産自動車とトヨタが2人乗りのミニEVを販売
2009	三菱自動車工業がLiBを用いた軽自動車タイプのEV「アイ・ミーブ」を発売 富士重工業がLiBを用いた軽自動車タイプのEV「スバル プラグイン ステラ」を発売 トヨタが「プリウス プラグインハイブリッド」を発売
2010	日産がファミリーカータイプのEV「リーフ」の販売を開始
2012	ホンダがフィットEVのリース販売を開始 マツダがデミオEVのリース販売を開始
2013	三菱自動車がPHV「アウトランダーPHEV」を発売

出典：次世代自動車振興センターホームページより抜粋、加筆して作成

- 本格的な自動車開発は1830年代から始まり、最初は電気式だった
- 20世紀に入りガソリン車が市場を席巻するが、21世紀はEVが巻き返しへ

1-5 EVを蘇らせた先端技術

電池、パワーエレクトロニクス、制御の進歩

　20世紀のあいだガソリン車の後塵を拝していたEVが蘇ったのは、主に3つの分野で革新的な技術の進歩があったからです。

　第一の進歩はPHVの項でも説明した高性能蓄電池（2次電池）の登場です。それまでの鉛蓄電池に代わり1990年代にニッケル水素2次電池、続いてリチウムイオン2次電池が実用化されるとEVの航続距離は飛躍的に伸びていきました。急激な進歩の様子は、同じ時期にノートパソコンや携帯電話の使用時間が急激に長くなったことでも実感できたはずです。

　EV新時代を支える第二の技術はパワーエレクトロニクスです。電子機器に欠かせない半導体デバイスはトランジスタ、IC（集積回路）、LSI（大規模集積回路）と進歩してきましたが、最初のころはちょっとでも強い電気が流れるとすぐに壊れてしまうほど柔なものでした。しかし1960年代以降、電力用半導体素子と呼ばれる高電圧・大電流に特化したデバイスが徐々に開発されるようになると、電力機器や動力機器でも高度な電子制御ができるようになったのです。

　そしてパワーエレクトロニクスの進歩は、VVVFインバータ方式などの画期的な制御技術につながっていきます。インバータとはもともとは直流を交流に変換する電気回路のことでしたが、今では電圧・電流・交流の周波数などを幅広く設定できる「総合電源制御装置」といった多機能の役目を果たすようになりました。EVの動力源であるモーターの多くは交流電源によって回り、しかも、その回転数は周波数に比例します。したがって、「可変電圧可変周波数制御」と呼ばれるVVVF方式ではコンピュータによってインバータを正確に動かすことにより、EVの速度を完全にコントロールできるのです。

　現在ではガソリン車やディーゼル車でもECU（エンジン・コントロール・ユニット）によるコンピュータ制御が行われています。しかし、これらのシステムは基本的には燃料の供給量と点火の調整を行うだけで、エンジンの回転数を、直接コントロールできるわけではありません。したがって、どんなに性能の良いコンピュータを積んでいたとしても、走行状況や道路状況にあわせて最適な走りをするのは不可能なのです。この点、EVではきめ細かく正確な制御が可能であり、そのことが自動車の未来につながると期待されています。

蓄電池（2次電池）の性能比較

伝統的な鉛蓄電池に比べ、ニッケル水素2次電池は約2倍、リチウムイオン2次電池は約4倍、容量が拡大している。

		鉛蓄電池	ニッケル水素2次電池	リチウムイオン2次電池
エネルギー密度[※1]	実効値	約35Wh/kg	約60Wh/kg	約120Wh/kg
	理論値	167Wh/kg	196Wh/kg	583Wh/kg
エネルギー効率[※2]		87%	90%	95%
セル電圧		2.1V	1.2V	3.6V
寿命（サイクル数）[※3]		2500〜4500	1000〜2000	2500〜3500
自然放電（自己放電）		1.5%/月	30%/月	10%/月

※1：エネルギー密度とは電池1kgあたり蓄電が可能な電気容量
※2：エネルギー効率とは最大充電容量を100としたときの放電できる（つまり使える）電気容量
※3：サイクル数とは1回の充放電を1サイクルとして何回使用できるかを示す指標

出典：『蓄電池技術の現状と取組について』（資源エネルギー庁、2009年）、『建設電気技術 Vol.141』（建設電気技術協会、2003年）などに一部加筆して作成

EVの走行システムチャート

現代のEVではコンピュータによる制御システムとインバータが走行状況を監視しながら、常に最適な力を発揮できるようにコントロールしている。

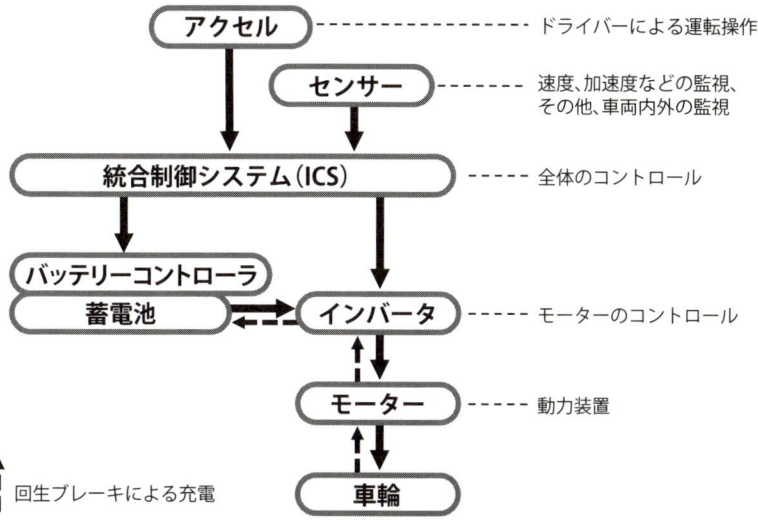

- アクセル ---- ドライバーによる運転操作
- センサー ---- 速度、加速度などの監視、その他、車両内外の監視
- 統合制御システム（ICS） ---- 全体のコントロール
- インバータ ---- モーターのコントロール
- モーター ---- 動力装置
- ↑ 回生ブレーキによる充電

Point
- 1990年代以降の蓄電池の性能向上がEVを実用的にした
- インバータによる精密なモーター制御が省エネにつながる

1-6 EVの心臓部
交流同期モーターの基礎知識

　市販されているEVやPHVについて調べると、モーター（電動機）の項目に「交流同期モーター（Synchronous motor = SM）」と書いてあるものと「ブラシレス直流（DC）モーター」と書いてあるものがあることに気づきます。そんなことから「EVのモーターには2種類あるんだ」と思う人がいるかもしれません。しかし、実はこの2つは同じものなのです。

　ガソリン車が主流になる前の初期のEVでは、私たちが理科の実験で使ったような直流モーターが使われていました。正確には「整流子直流モーター」と呼ぶもので、電池をつなげばそのまま回りますが、回転数の制御などが難しいという問題があります。よく使われる抵抗制御という方式では、速く回しても遅く回しても使う電力はあまり変わらず、エネルギーの無駄が多いのです。そこで現在のEVではインバータによる効率的な回転数制御が可能な交流モーターを使うようになったのですが、これは直流モーターから整流子とブラシをなくしたものと構造的には同じであり、そのため2種類の名前が使われているのです。正確には「ブラシレス直流モーター＝交流同期モーター＋インバータ」という関係になります。

　もっとも、今でも整流子直流モーターを使ったEVはあります。小さな移動式カートや遊園地にある「パンダカー」などがそれで、電源も鉛蓄電池のものが多く、これらは旧タイプのEVとして区別して考える必要があるでしょう。

　モーターは回転するロータ（回転子）と固定されているステータ（固定子）の両方の磁石による吸引力と反発力を利用して回りますが、EVのモーターでは、通常はロータが永久磁石、ステータが電磁石という組み合わせになっています。この永久磁石を小型で強力なものにするためにネオジムなど産地や生産量の限られるレアアースが必要であることから、供給を不安視する声があとを絶ちません。そんなことからメーカーの中には永久磁石を使わないEV用モーターの開発を進めているところもあるようです。また、電磁誘導の仕組みを利用した「誘導モーター（Induction Motor = IM）」を動力源にしたEVも考えられています。IMはSMに比べると正確な制御が難しいといわれてきましたが、パワーエレクトロニクスとコンピュータシステムの進歩は、やがてこの問題を解決してくれるものと期待されています。

EV用永久磁石交流同期モーターの仕組み

蓄電池からの直流電力をインバータで三相交流に変換する。周波数にあわせてステータの磁性が変わっていくので、モーターの回転数を同期(シンクロ)させることができる。

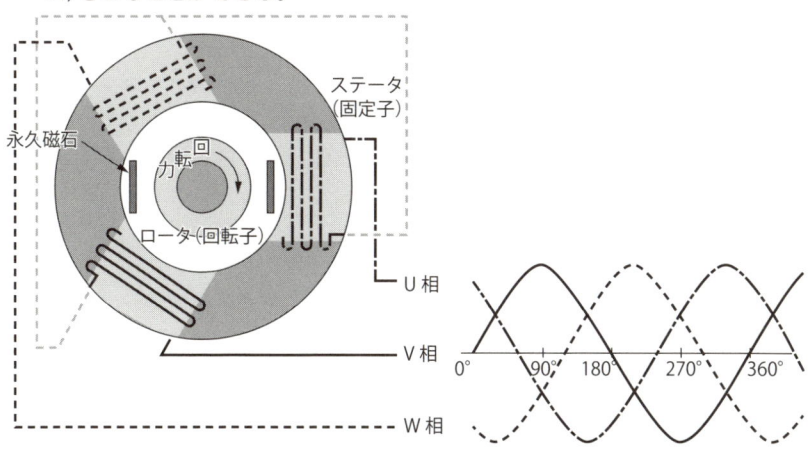

誘導モーターの仕組み

磁性を持たないアルミニウムや銅の円盤が磁石の動きにつられて回転する「アラゴーの円盤」の現象を利用したモーター。実際には磁石を動かすのではなく、三相交流によって回転磁界をつくる。

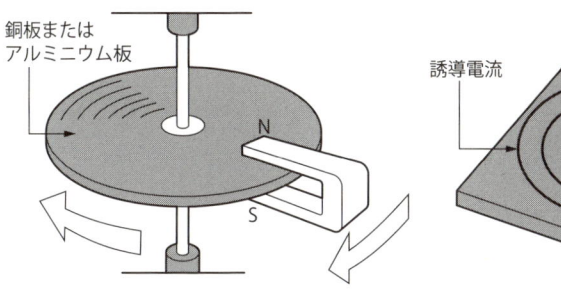

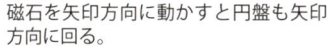

磁石を矢印方向に動かすと円盤も矢印方向に回る。

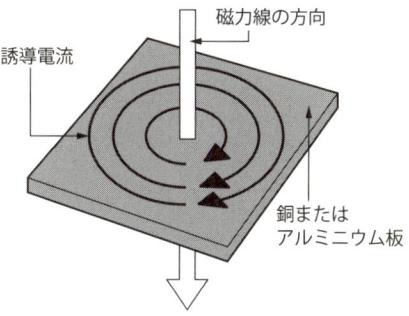

銅板またはアルミニウム板に磁束が貫通すると、その金属板に誘導電流(渦電流)が発生し、さらにこの誘導電流によって磁力を発生する。

> **Point**
> - 旧タイプのEVは直流モーターだったので速度制御が難しい
> - 現在のEVは交流同期モーター＋インバータで高性能化した

1-7 こんなにすごいEV・PHV①
地球にやさしい、すぐれた環境性能

　EVのエネルギーである電気（電力）をつくる方法はいくつかありますが、日本では石炭と天然ガス（LNG）を利用した火力発電が主流です（一部の旧式の発電所のみ石油を使用）。東日本大震災後、多くの原子力発電所が運転を停止しているため、この比率は9割近くまで高まっています。一方、ガソリンは石油を精製したものですから、EVもガソリン車も貴重な資源である化石燃料を利用しているという点では同じなのです。それなのに、なぜEVのほうが環境性能にすぐれているのでしょうか。

　第一の理由はエネルギー効率の差にあります。右ページの上図に示すように、ガソリン車は、エンジンや変速機など複雑な機構で構成され多くの熱損失や機械損失が生じるため、最終的なエネルギー効率は約15％になります。一方、EVは、燃料の持つエネルギーの約60％が火力発電の際に熱損失などですでに失われているものの、EV内部には駆動部分が少ないために、熱損失や機械損失が小さくトータルのエネルギー効率は約30％となります。現状では、EVは、ガソリン車の2倍程度も効率が高いことになるのです。

　第二の理由はエネルギープラントが集中型か分散型かという違いにあります。電力の場合は巨大な発電所で集中的に燃料を燃やしますので、高効率化や環境対策の効果を得やすいのです。最近では蒸気タービンとガスタービンを組み合わせたコンバインドサイクル発電の導入が進んでおり、発電効率は最大で60％とかなり向上してきました。また日本国内のすべての火力発電所では脱硝・脱硫・集塵装置といった排ガス処理システムが完備されているので汚染物質はほとんど出ません。将来的にはCO_2をできるだけ排出しない工夫も考えられています。ガソリン車も技術開発が進み、燃費の向上や排ガスのクリーン化に努めていますが、日本国内だけで7500万台以上ある車両がすべて最新の技術によるものではありませんし、整備の状態もまちまちなので、環境対策を行き渡らせるのは難しいのです。

　火力発電所のリプレイスが進み、日本全体で発電効率が10％上がれば、全国を走るEVすべての燃費が10％良くなることになります。またCO_2の排出抑制の問題も含めて、エネルギー効率や環境性能の集中管理がしやすいEVはガソリン車に比べて環境性能の高い自動車だといえるのです。

EVとガソリン車のエネルギー効率

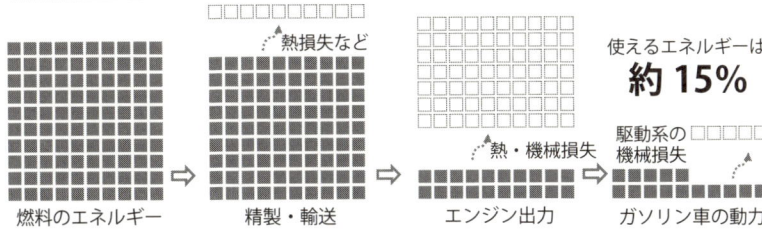

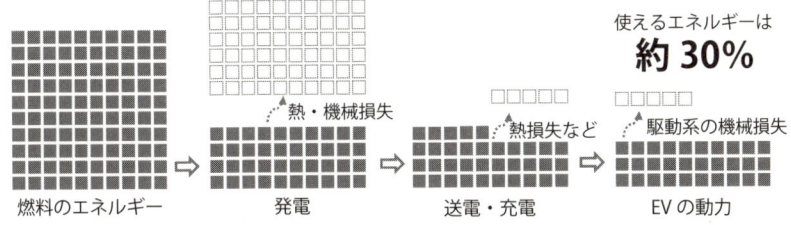

※あくまでも目安であり、機械やシステムの構成によって上下します。

プラント集中型のEVと分散型のガソリン車

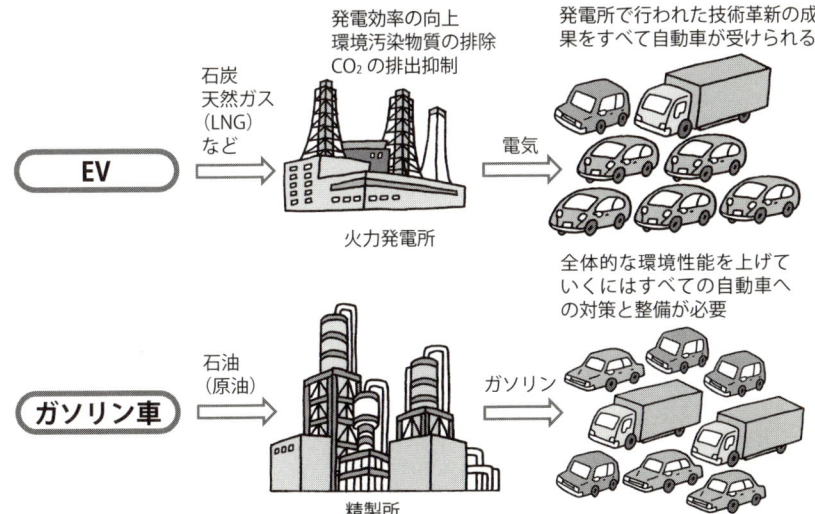

Point
- 「発電所＋EV」のほうがガソリン車よりエネルギー効率が高い
- 高効率化や環境対策が集中してできるEVは高性能化しやすい

1-8　こんなにすごいEV・PHV②
人にもやさしい、
安全で安心な自動車

「電気自動車はすべてAT車ですか？　MT車はないのですか？」

これはインターネット上のQ&Aサイトにあった質問です。1-2項で説明したようにモーターで走るEVには複雑な変速機（トランスミッション）は必要ありません。今後、F1などの自動車レースがEVでも行われるようになれば加速性能を向上させるために変速機を付けることも考えられますが、一般的に利用されるEVは基本的にオートマチック車のみになります。ただし「AT」ではありません。EVにはそもそもT（トランスミッション）がないので、あえて名付けるなら「A車」となるのです。

ガソリン車の場合はオートマチックであっても変速機を介して動力を伝えますから、アクセルの踏み具合と実際の走行スピードのあいだにはどうしてもズレ（タイムラグ）が生じ、ドライバーが上達するにはこの感覚を覚える必要がありました。しかしEVではアクセル操作のレスポンスがはるかに良いので、運転はずっと楽になります。さらにコンピュータによる制御もしやすいことから、ドライバーの誤操作による事故を減らす技術の開発も進んでいくでしょう。将来的には完全な自動運転も夢ではないのです。

変速機や複雑な動力伝達機構がいらないEVは、部品の数もガソリン車の半分以下で済むといわれています。部品が少なければそれだけ製造や整備も簡単になりますし、さらにエンジンオイルや変速機内部のオイルも不必要になるので、これらの点も含めて地球にやさしい自動車なのです。

EVの環境性能は、これからも進化していきます。

自動車のタイヤはしっかり地面をつかんでいるようでありながら、常に多少の滑りを生じています。このため、その分エネルギーを損してしまうのです。

そこで注目されるのが「粘着制御」という技術です。モーターをタイムロスなく正確にコントロールできるEVの強みを活かし、わずかなタイヤの空転に対して1000分の1秒レベルでトルク（回転力）を調整することによって滑りをほとんど生じなくさせます。それにより、燃費を今の倍以上に上げるのも不可能ではないそうです。コンピュータの技術は、これからも進歩していきます。だからこそ、その恩恵をストレートに受けられるEVは、まだまだ成長の途中だといえるのです。

EVが環境性能にすぐれている理由（まとめ）

1. ガソリン車に比べてエネルギーの利用効率が高い
2. 発電所の高効率化により、すべてのEVの燃費が向上する
3. 燃料の燃焼による環境への影響を集中的に管理できる
4. 部品点数が少なく、製造や整備の手間とコストが減らせる
5. エンジンや変速機などの重い機械が少なく軽量化が可能
6. ドライバーの技術に関係なく、だれでも省エネ運転ができる
7. 粘着制御など将来の省エネ・環境技術を活かしやすい

粘着制御で燃費をさらに向上

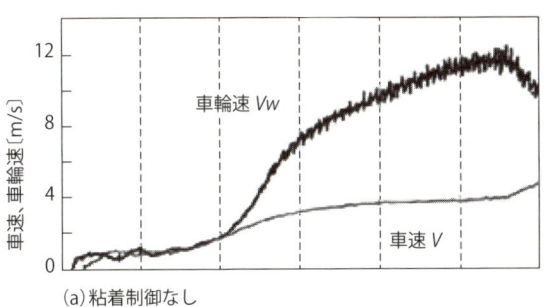

(a) 粘着制御なし

粘着制御をしていないEVでは、走行状況によって車輪の回転から計算される理論上の速度「車輪速」と実際の車速とのあいだに大きな差が生じ、これはそのままエネルギーの損失になってしまう。

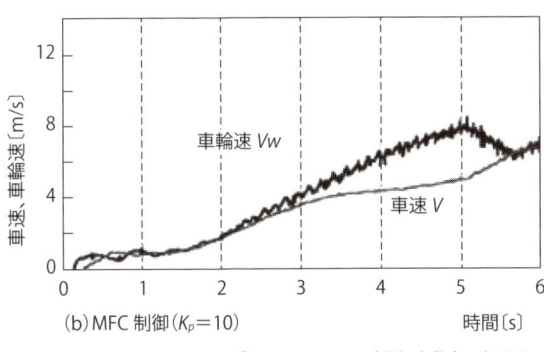

(b) MFC制御 ($K_p = 10$)

タイヤのスリップによる車輪の空転を検出し、トルクを調整する粘着制御を行うことで車輪速と車速の差がほとんどなくなり、車輪の回転数通りに走れる。これにより、エネルギーを無駄なく走行に利用できることになる。

出典：「すべてのクルマが電気自動車になる日」、堀洋一、Ohm Bulletin VOL. 46、2009年

Point
- EVはガソリン車のATより運転がしやすい「人にやさしい」自動車
- 製造・整備のしやすさに加え次世代の技術も環境性能の高さにつながる

1-9　EV・PHVの普及に向けて①

インフラ整備と行政支援が
EV時代を拓く

　地球にも利用者にも良いことずくめのEVとPHVですが、ガソリン車に勝てない点があるのも事実です。それは電池に伴う問題です。高性能バッテリーが開発されたおかげでEVの航続距離は飛躍的に伸びました。しかしそれでも、現在、市販されている車種では1回の充電あたり200kmほどが限界です。EVに比べて電池容量の小さいPHVでは、この距離はもっと短くなってしまいます。これに対してガソリン車は満タンにすれば800km近く走れますし、燃費の良いハイブリッド車（HV）なら1回の給油で1500～1800km走行できる車種まであるのです。

　これからも電池の開発は進み、高性能化や大型化によってEVの航続距離は伸びていくでしょうが、それでもガソリン車やHVに追いつくのは難しいと考えられています。なぜなら、エネルギー密度（重量あたりの蓄電容量）を増やすと発熱しやすく制御が難しくなりますし、容量が大きくなるほど充電時間は長くなっていくので、あまり現実的とはいえないからです。

　EVには、普通充電と急速充電という2つの充電方式があり、普通充電でフル充電をするには数時間、急速充電で80％ほど充電するにも30分ほどかかります。ガソリン車のようにガソリンスタンドへ出向く必要がないというメリットがありますが、日常的に充電できる場所を確保しておく必要があるのです。

　これらの「電池に伴う問題」はEV向けのインフラが整備されていくことで徐々に解決していきます。200Vのコンセントがマンションやアパートを含む各家庭のガレージに設置されるようになれば、夜間、停めているあいだに充電できますし、勤務先や駅、商業施設などの駐車場にも充電設備があれば安心です。さらに急速充電できる充電インフラを各地に設置することでEVの利用範囲は飛躍的に広がっていくのです。

　もちろん、そのためには行政の支援は欠かせないでしょう。インフラの整備は民間の力によるものが大きいとはいえ、行政側がEVとPHVの明確な導入目標（台数）を定め、実現に向けての具体的なプランを提示しなければ、企業も先行投資に踏み切れません。大切なのは、先頭に立って旗を振るだけでなく、EVとPHVの普及につながる有効なビジネスモデルを示すことです。そこから、官民一体となったプロジェクトが始まるのです。

市販されている主なEVとPHVの航続距離と充電時間

種別	車種	メーカー	航続距離※	充電時間(AC100V)	充電時間(AC200V)	急速充電
EV	リーフ	日産自動車	228km	可能だが推奨せず	約8時間	約30分で80%
EV	アイ・ミーブ X	三菱自動車工業	180km	約21時間	約7時間	約30分で80%
EV	アイ・ミーブ M	三菱自動車工業	120km	約14時間	約4.5時間	約15分で80%
PHV	プリウスPHV	トヨタ自動車	26.4km	約3時間	約1.5時間	
PHV	アコードPHEV	本田技研工業	37.6km	約4時間20分	約1.5時間	
PHV	アウトランダーPHEV	三菱自動車工業	60.2km		約4時間	約30分で80%

※フル充電あたりの走行可能距離(PHVはEV走行のみの場合)

EVとPHVを普及させるための行政支援プロセス

1. 地域における普及台数目標を年次ごとに決める(ロードマップの策定)
2. 予定した普及台数に基づき必要な事業の計画を立てる
3. 上記計画のうちインフラ整備に関する公共および民間投資事業の明示
4. 上記計画のうち広報および各種支援事業における投資事業の明示
5. 官民一体となったプロジェクトチームの発足
6. 計画の遂行と、PDCAサイクルによる次期計画への有効な移行

Point
- 航続距離ではEVはガソリン車やHVには勝てない
- EVの普及計画に基づいた有効な充電インフラの設備を

第1章 EV・PHVの基礎知識

1-10　EV・PHVの普及に向けて②

地域活性化の拠点として
EVセンターを

　充電に時間がかかる点は確かにEVの弱みといえます。しかしこれを逆手にとり、地域活性化の切り札にしていくこともできるのではないでしょうか。
　ここで提案したいのは、EVに関する「総合サービスセンター（EVセンター）」の設置です。EVやPHVに関する情報の提供から、購入や整備に関するサポートなどのサービスを一括して提供する施設が生活圏内にあれば、EVやPHVをもっと身近に感じられますし、自動車の利用実態に合わせたアドバイスを行うことで乗り換えを促進できます。
　さらにEVセンターに充電スタンドを併設すれば、すでにEVを保有している人も頻繁に訪れるようになります。ここで重要なのは、充電サービスを利用した人は最短でも30分以上そこに滞在するという点です。したがって、同じ場所にカフェやサロンといったくつろぎの場があれば、ユーザー同士の交流が生まれ、やがて購入を検討している人まで含めたコミュニケーションの輪が広がっていくでしょう。
　カーシェアリングのサービスをEVセンターで行うのも有効です。「買いものに行くときだけ運転しよう」といった短時間の使用ニーズに対応したカーシェアリングは、レンタカーより気軽に自動車を利用できることから、欧米などでは公共交通機関を補完するシステムとして注目されています（例えば、フランスのパリやリヨンでは市が本格的なEVカーシェアリング事業に乗り出しています）。車両を一括して集中管理できるため計画的な充電が必要なEVに向いているうえ、EVやPHVについてあまりよく知らないユーザーにとっては入門編として試乗から始められるのですから、良いきっかけになるはずです。
　カーシェアリングを含めてEVセンターが交通の要衝として機能するようになれば、そこを中心にコミュニティバスなどの公共交通機関を整備していくことで、より強力なマグネット効果が発揮されます。EVのユーザーだけでなく多くの人が集まるようになり、やがて周囲の商業施設が発達していくなど地域の活性化が進むのです。地方経済の規模は域内の人々の移動距離の総量に比例するといわれるので、その効果は大きいでしょう。EVは人にやさしく、しかも環境にも安心な乗り物なのですから、新たな流通やコミュニケーション・ツールとして活躍していければ、もっと明るい未来となるはずです。

EVセンターによる地域活性化プラン

EVセンターを中心に人が集まり、商業施設などが発達し、新しいコミュニティが生まれ、地域の活性化につながっていく。

Point
- EVの普及支援、充電、メンテナンスのための拠点を設置
- EVをコミュニケーション・ツールにして地域を活性化

1-11　EV・PHVの普及に向けて③
EVを導入するにはワケがいる

　21世紀はEVの時代になるといわれています。しかしその一方で、ガソリン車やディーゼル車がなくなることはありません。なぜなら、それぞれ長所と短所があり、用途や条件によって使い分ける必要があるからです。

　したがって、一方的に「EVに代替しなさい」と指導しても大きな成果は得られません。確実にEVやPHVを普及させていくためには、さまざまな車両種別ごとに用途や使用条件、管理方法などを細かく検討し、利用者にとってメリットがあるような導入支援を図っていく必要があるのです。

　有効な対策を検討するために、まずライバルであるガソリン車の強みを整理しておきましょう。
①世界規模で燃料供給のためのインフラが整備されている
②新車の生産体制が整っており、中古車のストックも多く購入しやすい
③整備のためのメンテナンス態勢が確立している
④技術が成熟しており、走行性能や航続距離などの基本性能が保証されている
　これらがあるからこそ、ガソリン車は世界中で広く使われているのです。

　したがって、同じような強みをEVでも発揮できる状況をつくれば、エネルギー効率が良く環境にもやさしいEVを拒む理由はなくなります。例えばインフラが十分に整備されれば、自宅で充電できるEVはガソリン車より便利ですし、②と③の項目もEVの市場が拡大していけば自然に近づいていけます。

　多くのドライバーがガソリン車にこだわるのは④の理由があるからでしょうが、これについては「主にどんな用途に自動車を使うのか？」「平均的な走行距離はどのくらいか？」「EVへの不安は何か？」といった点を確認していけば、EVへの乗り換えを考える人も増えていくはずです。

　特定の目的に使われる業務用車両についても、EV化の可能性と先行事例を右ページの表にまとめました。これらのうち、法人車、配達車についてはかなり早いうちに多くがEV化していくものと見られます。ごみ収集車や一部の作業車もEV化が望まれますが、これらの特殊車両は事前の開発が不可欠であり、メーカーと連携した導入プログラムを進める必要があるでしょう。全般的に業務用車両は一括管理できるのでEVに向いており、今後も積極的な導入が期待されます。

車両種別ごとのEV化の可能性

種別	EV化は可能か？	EV化の実例
法人車（官庁、自治体、団体・企業）	車両の集中管理ができるうえ走行距離も想定内のことが多いのでEVに向いている。EV導入推進のアピール効果も大きい。	多くの自治体で実験的に導入が進んでいる。ただし用途はイベント用など限られているケースが多い。
貨物車	大型はディーゼル車、中型はガソリン車が有利だが、小型についてはEV化が可能。	三菱自動車工業が軽トラタイプの「ミニキャブ・ミーブトラック」を2013年に発売。
配達車	定期的なルートを回るものであれば計画的に充電できるのでEVを導入しやすい。街中で排気ガスを出さない点も有利。	コンビニのセブン-イレブン・ジャパンではトヨタ車体の1人乗り超小型EV「コムス」を宅配サービス用に利用。
バス	巡回ルートが決まっているのでEV化は可能だが、現状では大型バスに使えるEVが少ない。ミニバスでは早期にEV化が可能。	国土交通省が公共交通のEV化促進事業を展開し、東京都羽村市や墨田区、三重県津市、鹿児島県薩摩川内市などが導入。
タクシー	地域内営業であれば走行距離も予測しやすくEV化は可能。最近ではハイブリッド車（HV）タクシーも多く、燃費に敏感な業界だけに期待。	イギリスのロンドンでは2018年以降、新規登録をEVなど温暖化ガスを排出しない車に限定すると決定。日本のメーカーも開発を開始。
パトロールカー	高速走行する必要があり、現状ではガソリン車が有利。地域内のパトロールであれば可能。	長野県上田市など一部の自治体では「e-パト」として導入を開始した。
消防車	多くの消火用装備のために大きな電池が必要なEVは導入しにくい。巡回車や指令車であれば可能。	現状では、まだ検討・試作段階。
救急車	救命装備が必要でEVは導入しにくいが、排ガスを出さない点が歓迎されるケースはあるはず。	ヨーロッパでは導入を検討している国もある。
ごみ収集車	低速で決まったルートを巡回することから専用車両が多く開発されればEV化は可能か？	富山市では日産自動車の電気トラック「e-NT400テストトラック」を資源ごみ収集車として実証中。
港湾・空港作業車	設備内で集中管理できるのでEVに向いている。すでに用途によってはEVが導入されている。	全日本空輸（ANA）は空港地上ハンドリング・サービス用業務車両にEVを導入。
建設機械	大きな出力が必要であるうえ、機器の積載量などが大きくなるのでEV化はしにくい。	現在、多くのメーカーがHV化を進めており、本格的なEV化は次の課題になりそう。

Point
- EVの導入を進めるにはデメリットの解消とメリットの提示が必要
- 業務用車両は条件さえ整えばEVを導入しやすい

1-12 EV・PHVの未来①
新電池開発とキャパシタの活用

　多くのEVやPHVに搭載されているリチウムイオン2次電池はエネルギー密度や充放電性能にすぐれた画期的な発明でしたが、現在ではこれに続く次世代蓄電池（2次電池）の開発が積極的に進められています。蓄電容量が2倍になればEVの航続距離も2倍になるだけに、期待が集まるのも当然です。経済産業省も、次世代自動車用途を見据えた、リチウムイオン2次電池の高度化や革新的な蓄電池の開発を支援しています。

　ただし、この分野に関しては、若干、誤解があるように感じています。よく「新しい電池が誕生すればEVの性能は飛躍的に向上する」と楽観論を展開する人がいますが、電池の開発はそんなに簡単ではないからです。

　一般的に電池のエネルギー密度が高くなるとそれだけ発熱しやすくなり、破損や爆発の危険性が生じます。したがって、それに耐える材料や構造の開発は必須ですし、充放電を高速で安全に行う制御技術も確立していく必要があるのです。その結果、新しい電池が発明されても、それを実用的な電源として使いこなしていくまでには長い期間がかかります（10年以上のこともあります）。

　蓄電池と同じような働きをするデバイスにキャパシタ（コンデンサ）があります。構造は非常にシンプルで、右ページの下図のようにわずかに隙間をあけて電極が並んでおり、そのあいだに電荷（電気量）が蓄えられるのです。蓄電池に比べれば容量は桁違いに小さいものの、次のような強みがあります。

①高速充電、高速放電が可能
②発熱が少ないので安全性が高い
③化学反応を伴わないので劣化が少なく長寿命
④端子電圧の測定で残存エネルギー量が正確にわかる
⑤材料のコストが安く、廃棄したときの環境負荷も小さい

　キャパシタはHV用の電源として使われ始めていますが、将来的にはもっと容量を高めてEVに利用できないかと研究が続いています。蓄電池に比べると航続距離は短くなってしまうものの、高速充電できるメリットを活かせば、「停留所ごとにちょこちょこ充電しながら走るEVバス」といったものが実現できるのです。中国の上海ではすでにこのようなキャパシタEVバスが実用化されており、今後、新たなEV用電源として期待されています。

次世代蓄電池の動向

電池の種類	構造、特徴
リチウムイオンポリマー2次電池	リチウムイオン2次電池の一種で、ポリマーに電解液を含ませた半固体（ゲル状）の電解質を使うため液漏れの心配がなく、形状を設計しやすいという特長を持つ。
リン酸鉄リチウムイオン2次電池	リチウムイオン2次電池の一種で、現状のコバルト酸リチウムを使うものに比べて資源的な制約が少ないうえ、発火しにくく安全なことから、すでに普及が始まっている。エネルギー密度はほぼ同等。
ナノワイヤーバッテリー	リチウムイオン2次電池の一種で、黒鉛の負極をケイ素のナノワイヤーによって覆われたステンレスの負極に置き換えることで表面積を増やし、エネルギー密度の向上と充放電の高速化を目指している。容量3倍、充電時間10分を目指している。
カルシウムイオン2次電池	リチウムの代わりにカルシウムイオンを両極間でやりとりすることで2倍の電流密度を可能にしようと考えられているもの。その他、マグネシウムやナトリウムイオンを使うアイデアもあるが、どれもまだ研究段階。

キャパシタの原理と電気二重層キャパシタ

最も簡単なキャパシタは左の図のように電荷を蓄えるが、電気二重層という物理現象を利用したものでは蓄電量が大きく向上したことから、「ウルトラ・キャパシタ」あるいは「スーパー・キャパシタ」と呼ばれている。さらに電極材料の工夫でさらに高性能化した「リチウムイオンキャパシタ」など新たな開発は続いており、キャパシタの可能性は広がってきている。

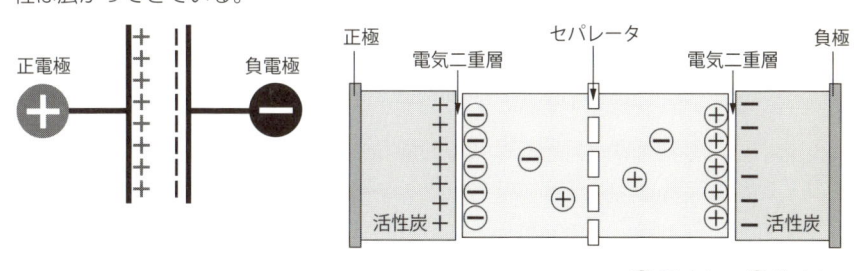

Point
- EV用新蓄電池の開発は続くが航続距離が著しく伸びる可能性は低い
- 用途によってはキャパシタをEV用電源として活用する方法もある

1-13　EV・PHVの未来②

将来的にはケーブルなしの
ワイヤレス充電も

　EVやPHVをもっと便利にしていくためのキーテクノロジーの1つが非接触電力伝送による「ワイヤレス給電」で、その検討も始まっています。その名の通り、ケーブルでつながなくても充電できるシステムのことで、液体燃料を必要とするガソリン車には絶対に真似できない方式だけに、実用化されればEV普及の大きな追い風となるはずです。現在、主に3つの方式の非接触電力伝送システムが考えられています。

- **電磁誘導方式**：2つの隣接するコイルの片方に電流を流すことで発生する磁束を媒介に、もう片方のコイルに起電力が発生する電磁誘導現象を利用したもの。モバイル機器に使われている実績のある技術で大電力化も可能ですが、距離が離れると効率が下がるため、ほぼ接触状態にする必要があります。
- **電磁界共鳴方式**：送電側のコイルが空間に形成した電磁界を受電側のコイルが受け取ることで電力を伝えます。共鳴現象を利用することで効率を高められ、1mほどの距離があっても大丈夫なので、EV用充電システムとして期待されています。
- **電波方式**：電流をマイクロ波などの電磁波に変換し、アンテナを介して送受信する方式。離れた距離にも伝送しやすいのですが大電力化と高効率化に課題が残っています。

　ワイヤレスになれば自宅のガレージにEVを停めただけで自動的に充電が始まりますし、街の充電インフラなども利用しやすくなります。さらに充電ネットワークの広がりにより昼食でレストランに立ち寄ったときやコンビニエンスストアでちょっと買いものしているあいだにもエネルギー補給ができる「ちょこちょこ充電」が可能になりますから、充電し忘れの心配はなくなり、航続距離の短さも気にならなくなるはずです。

　将来的にはワイヤレス給電のシステムを道路に埋め込んでしまおうという計画もあります。そうなれば走りながら充電できるのでEVの航続距離は無限に伸びるわけです。さすがに一般道すべてというわけにはいかないでしょうが、高速道路に設置されればEVによる長距離ドライブも夢ではありません。

ワイヤレス給電の方式と特徴

(縦軸：伝送距離、横軸：伝送電力)

- 電波方式（1m～1km）
- 電磁界共鳴方式（10cm～1m）
- 電磁誘導方式（1cm～10cm）

電波方式：電波 → アンテナ → 共振回路 → 整流回路

電磁界共鳴方式：送電コイル ⇔ 磁場 ⇔ 受電コイル

電磁誘導方式：電源 → 送電コイル → 受電コイル → 蓄電池

出典：日本電業工作、東芝などの資料をもとに作成

充電場所の拡充でEVの航続距離が伸びる

さまざまな場所でこまめに充電を行う「ちょこちょこ充電」

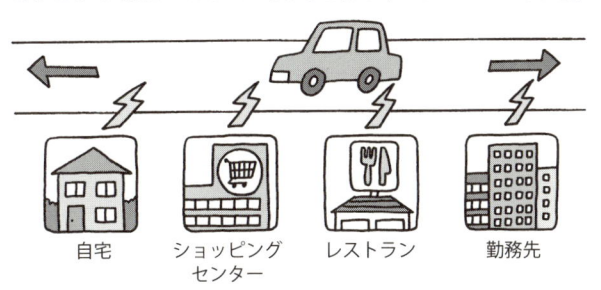

自宅　ショッピングセンター　レストラン　勤務先

走行しながらエネルギー補給できる道路充電システム

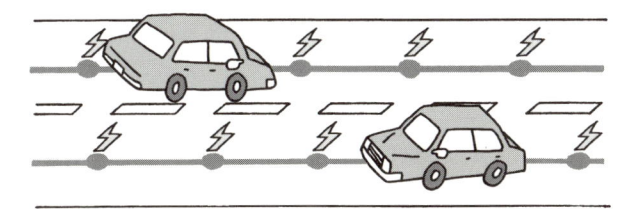

Point
- ケーブルをつながなくてもEVを充電できる技術を開発中
- 停めるたびに充電する「ちょこちょこ充電」や、走りながら充電できる道路の計画も

第1章　EV・PHVの基礎知識

1-14　EV・PHVの未来③
「自動車」の枠を超える新機能の実現

　ここまで書いてきたようにEVはガソリン車を代替するだけのものではありません。「ガソリン→エンジン」から「電気→モーター」に仕組みを換えることで、まったく新しい未来の乗り物になるのです。いくつか例を示しましょう。

自由に動けるインホイールモーター車
　EVの動力源であるモーターはエンジンに比べて小型化できるうえ、必要な電力や制御信号はフレキシブルな電線で送ることができますから、構造上、車体のどこにでも配置できます。そんな特長を活かし、車輪の中にモーターを組み込んだインホイールモーター車の開発が考えられているのです。
　この方式はモーターで、直接、タイヤを回すためアクセル操作に対する反応が良いのに加え、「旋回するときにより力のいる外輪のトルクだけを高める」（右ページ上図A）といった左右の独立制御ができることからドライビング性能が大きく向上します（エンジン式でも可能ですが、EVのほうがより高度な制御ができます）。また、車軸がなくなるので車輪をどんな方向にも自由に傾けることができ、「前後輪の両方を傾けて狭い急カーブを曲がれる自動車」（同B）や「車輪を90度傾けて真横に進む自動車」（同C）といった画期的な交通手段が実現するかもしれません。特に後者は縦列駐車や自動車運搬船でスペースいっぱいに車体を並べなければいけないときなどに重宝しそうです。
　インホイールモーター車は、大きなエンジンを必要とし、プロペラシャフトなどで動力を伝えなければいけないガソリン車ではほぼ不可能でした。それを考えると、EVの時代には自動車の世界が大きく広がることがわかるはずです。

EVは自動運転や無人運転に向いている
　交通事故の原因の9割は人為的なミスによるものだといわれています。したがって、もし「自動運転」車が実用化されれば、事故の件数は大幅に減らすことができるはずです。電気信号によってモーターを思い通りにコントロールできるEVは、ガソリン車に比べて自動運転には向いています。将来的にハンドル操作までも完全にコンピュータ制御できるようになれば、ドライバーはアク

EVだから可能なインホイールモーター車

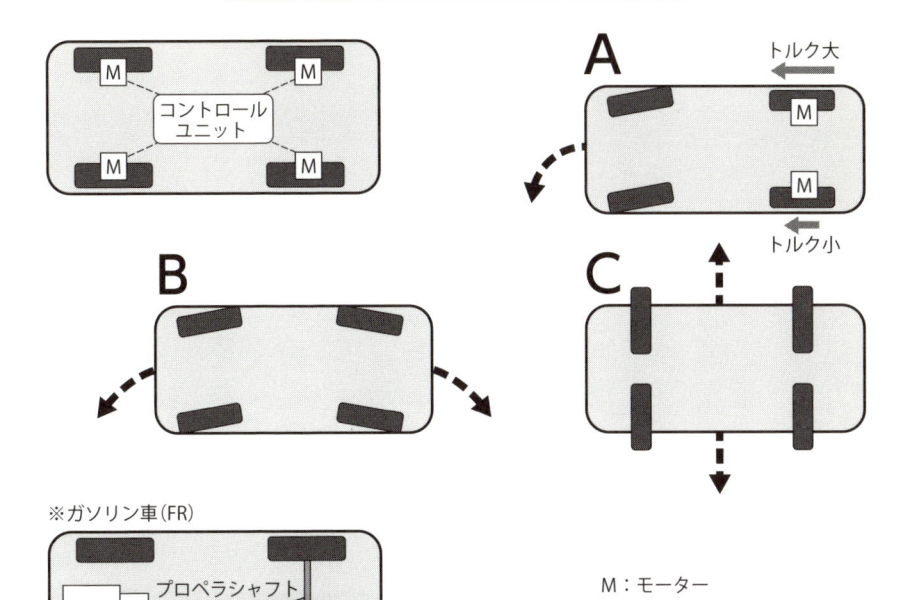

A　トルク大　トルク小

B

※ガソリン車（FR）
プロペラシャフト

C

M：モーター
E：エンジン
T：トランスミッション

主要メーカーの自動運転への取組み

	技術的な特徴	今後の展開
トヨタ自動車	カメラとミリ波レーダーで路面前方と車線を検知してハンドリング、車間通信を活用して加減速情報の共有や車間距離の維持を行う。	高速道路での利用を想定。運転支援システムとして運用しながら完成度を高めていく計画。
日産自動車	カメラやレーザーレーダーで検知した情報を人工知能で処理し、アクセルやハンドル操作を行う自律型自動運転車を開発中。	市街地走行も可能な自動運転車を2020年までに市場投入したいと発表している。
本田技研工業	通信を活用した協調型自動運転システムを開発中。お互いのカメラ情報を共有したり、歩行者のスマホからの情報を得て事故を防ぐなど。	実用化の時期は未定だが、要素技術は安全運転支援システムとして順次実用化していく。

第1章　EV・PHVの基礎知識

セルにもハンドルにも触れることなく、ナビゲーションシステムに目的地を入力するだけで目的地に着けるようになるかもしれません。

停まっているときも家庭用電源として活用

EVは走っていないときにも役に立ちます。家庭用としては大容量の蓄電池を活かし、電源供給用のパワーステーションとして利用するのです。

EVの電力供給機能は、もともと災害時の非常用電源として期待されていました。数日間、最小限の家電品が使えれば復旧までの生活に困らないからです。

しかし最近ではEVをもっと積極的に家庭用電源として利用する動きが出てきました。例えば電気料金の安い夜間に充電した電力を昼間使うことにより、1カ月の支出を約4000円節約できるという試算があります。太陽光発電システムを導入している家庭では、EV用電源システムとの組み合わせによって発電・充電・電力使用の切り替えを効率的に行うことができ、さらなるエネルギーコストの削減が可能です。

EVによる夜間電力のタイムシフト利用は、夏の日中などの電力のピーク需要を軽減させることができるという意味でも社会的な意義が大きく、政府や自治体でも導入を推進していこうとしています。

「パーソナルモビリティ」を地域の新しい交通手段に！

シンプルな構造で運転もしやすいEVだからこそ、もっと手軽な移動手段として活用できないでしょうか。例えば軽自動車より小さく、「原付免許」に準じた簡易なライセンスで運転できるカテゴリーのEVがあれば、通勤や買いもの、病院への往復など日常的な移動手段として重宝されるはずです。1人または2人乗りで最高時速は30〜40km。コンピュータ制御しやすいEVの特長を活かして衝突防止装置や歩行者および運転者保護装置の装備を義務付ければ、運転があまり得意でない人でも安心して利用できます。

昨今、過疎地において公共交通機関の廃止が相次ぎ、自動車を持たない高齢者は買いものにも行けなくなるという問題が起きてきました。EVは従来の自動車とまったく異なる新しいタイプの乗り物なのですから、自由な発想でもっと幅広い人に利用できる仕組みを考えていけば便利で快適な社会が実現していくはずです（技術的には小中学生が運転できるEVだって実現可能です）。

ここ数年、多くのメーカーが「パーソナルモビリティ」や「超小型モビリティ」と呼ばれる小さな移動装置を相ついで開発しており、これらの動きも含めてEVの将来から目が離せません。

EVを家庭のパワーステーションに！

日産自動車ではリーフを家庭の電源として利用するための装置「LEAF to Home」を実現している。昼間使用する電力 12kWh 分を平日毎日（月間 21 日間）リーフから給電した場合、電力料金は 1 カ月で約 4000 円節約できる計算になる。

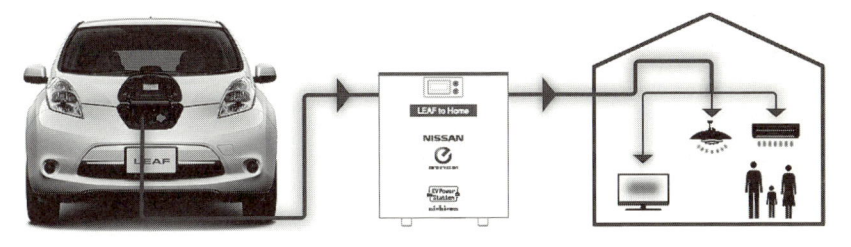

昼間使用する電力(12kWh)を平日毎日(月間 21 日間)日産リーフから給電した場合

1 カ月で 約4,000円の節約

出典：日産自動車資料

自動車の概念を大きく変えていくEV

これらもみんな電気で動く自動車。ガソリン車と違い自由に構造を決められる EV は、発想次第でまったく新しい乗り物へと進化していく。

Point
- 車輪にモーターを組み込んだインホイールモーター車で運転性能が大幅に向上
- 自動運転や無人運転は EV だからこそ実用化が期待できる
- EV を家庭用電源にすれば電力料金の節約になり、停電など非常時にも安心
- 気軽に利用できる超小型 EV など、まったく新しい自動車が生まれる

第 1 章　EV・PHV の基礎知識

充電器の種類と上手な使い分け

　EVやPHV用の充電器には、普通充電器と急速充電器の2つがあります。
　普通充電器には200Vと100Vの2種類があり、スタンドタイプや壁掛けタイプ、コンセントタイプなどがあります。満充電までの充電時間の目安は、PHVだと90分、EVであれば4.5～8時間です。導入時の費用負担が少なくサイズもコンパクトなので、住宅や宿泊施設など長い時間駐車しておく場所での利用に適しています。もう1つの急速充電器はその名の通り、より高速に充電できる設備です。充電時間の目安は、EVで15～30分で80%まで充電が可能とスピーディー。緊急時対応として、"電欠"に対する不安感解消の役割も果たしますが、普通充電器よりも大型になります。そのため、公共施設などでの利用が想定されています。
　能力だけを見るとすべてを急速充電器にしたほうが良さそうですが、必ずしもすべてのシーンで適しているわけではありません。EVは、家や事業所などの駐車場で夜間に充電する基礎充電がベースとなります。一方、外出先での充電には、目的地で充電して復路に備える目的地充電と、移動の途中で充電して目的地に向かう経路充電があります。目的地充電・経路充電ともに、長時間滞在するときは普通充電、短時間滞在するときは急速充電が適しています。また、普通充電器が適した施設であっても、満車時の対応用として急速充電器は有効です。急速充電器と普通充電器はお互いに補完しあう関係であり、上手に使い分けることが大切なのです。

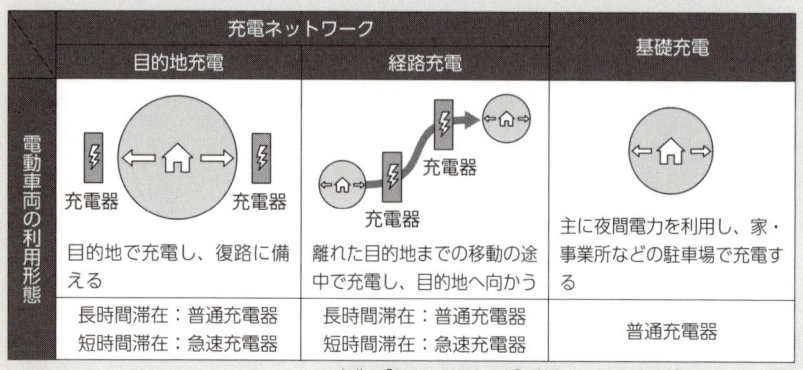

電動車両の利用形態	充電ネットワーク		基礎充電
	目的地充電	経路充電	
	目的地で充電し、復路に備える	離れた目的地までの移動の途中で充電し、目的地へ向かう	主に夜間電力を利用し、家・事業所などの駐車場で充電する
	長時間滞在：普通充電器 短時間滞在：急速充電器	長時間滞在：普通充電器 短時間滞在：急速充電器	普通充電器

出典：【PHV・PHEV・EV】充電インフラ普及プロジェクト資料

第 2 章

先進的な
EV・PHV
タウン

電気自動車　　プラグインハイブリッド自動車

2-1　Case1　神奈川県
日本で最もEVが普及している
EV先進地域

　二酸化炭素（CO_2）排出量がガソリン車の4分の1程度というEVは、最も環境性能にすぐれた「究極のエコカー」です。神奈川県では、2006年に産学公からなる「かながわ電気自動車普及推進協議会」を設立し、EVの普及に向けて諸課題への対応を進めてきました。さらに2013年には、「かながわ次世代自動車普及推進協議会」に改組し、それまでの活動を引き継ぎながら、よりグローバルな観点からEVを含めた次世代自動車に関する技術開発、インフラ整備、普及の加速化などの課題に取り組んでいます。

　具体的には、2008年に策定した「かながわ電気自動車普及推進方策」に基づいて、EVに特化した普及に取り組んできました。2014年度までの目標として掲げられたのは、EV普及が3000台、充電インフラは急速充電器を100基、普通充電器1000基を県内に整備するというものでした。

　2014年3月末時点の実績としては、EV普及台数5563台。神奈川県は日本で最もEVの多い地域となっています。これは、EVが一般に販売される前の早い時期からメーカーとも連携し、初期需要の創出に尽力したのが実を結んだもので、神奈川県や横浜市などによる独自のEV購入補助金、税制優遇なども大きな後押しとなっているようです。

　急速充電器の整備も、2014年3月末時点で200基と目標数を大きく上回っています。今後は、県内のEVを自立的に増やしていくためにも、さらなる充電インフラの整備が必要であり、安心してEVに乗れる環境整備のために、国のビジョンに沿った取組みを進めていくとしています。

インフラ整備と広報活動に力を入れているEV先進地域

　EV導入台数、急速充電器の設置数ともに、目標年度よりも2年以上早く達成するなど、EV先進県の1つといえるでしょう。今後の本格普及に向けては、さらなるインフラ整備が必要であり、特に充電インフラの自立的普及には充電サービスの課金化が欠かせません。現在は、公共施設の充電設備が無料開放されていますが、将来的な課金化普及が必要といえるでしょう。

　また、EV導入台数は全国トップであり、今後もEVの自立的普及が期待されています。そのため公共施設に設置されている充電設備の課金化を進めるこ

かながわEVタクシープロジェクト

神奈川県のEVタクシーはこのラッピングで統一されている

白いカモメのマークが印象的

とに加え、広報効果の高いEVタクシーの取組みを継続させるとともに、EVと観光を組み合わせた事業にも取り組んでいくとしています。

EVタクシー普及を目指す

　神奈川県・神奈川県タクシー協会・神奈川県個人タクシー協会・日産自動車の4者が協力して、県内に100台のEVタクシーの普及を目指しているのが、「かながわEVタクシープロジェクト」です。

　青いボディに白いカモメという統一のカラーとラッピングを採用したタクシーが導入され、常時街の中を走行しています。統一ラッピングによって、不特定多数の人に対する広報効果は非常に高いと考えられます。利用者からも、「ボディを同一のカラーとラッピングで統一したEVタクシーは一目でそれとわかるので、EVの存在を認識させ、アピールする効果が非常に高いと感じた」との声が寄せられています。

　その他にも、EVタクシーを電話で呼び出すと利用できる700円分のタクシークーポンを500名にプレゼント（募集期間：2013年9月20日～12月25日）したり、横浜ベイサイドマリーナから新杉田駅まで無料のEVタクシーを運行（2014年3月7日～9日）するなど、EVタクシーの普及に努めています。EVタクシーの普及台数は2014年2月末時点で、26社・41台となっています。

UD・EVタクシー専用レーンとEVタクシーシェアのりばを設置

　横浜駅東口のタクシープラザでは、2013年6月から「UD・EVタクシー専用待機レーン」の運用を正式に開始しました。UDとはユニバーサル・デザインの頭文字で、大きな荷物を持った人やベビーカーを使っている子供連れ、車イスの人など、だれもが使いやすい、みんなに優しいタクシーのことです。

　これは福祉都市と環境にやさしい低炭素都市の実現に取り組む横浜市が主導するもので、UDとEVのそれぞれのタクシーが利用しやすくなると同時に、両タクシーの営業コストの改善も目指しています。横浜市では、将来的には西口にも専用待機レーンを設置したいとしています。

　もう1つの取組みが、「EVタクシーシェアのりば」の設置です。

　「かながわEVタクシープロジェクト」と、「YOKOHAMA Mobility Project ZERO」（横浜市・日産自動車）のジョイント活動として、全国で初めて本格運用されているのが、横浜市鶴見区にある済生会横浜市東部病院が導入した「EVタクシーシェアのりば」です。これは以前から病院に乗り入れていたLPGタクシー待機所の先頭に、EVタクシー専用の待機スペースを2台分設

UD・EVタクシー専用レーン

UD・EVタクシー専用レーンを示す表示

一番手前のレーンなので乗降しやすいというメリットもある

UDタクシーに続いて車列に並ぶEVタクシー

EVタクシーシェアのりば

これまでのタクシー待機所の先頭に設けられた2台分のEVタクシー待機スペース

EVタクシーと一般のLPGタクシーが交互に配車される仕組み

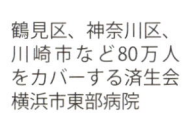

鶴見区、神奈川区、川崎市など80万人をカバーする済生会横浜市東部病院

第2章　先進的なEV・PHVタウン　47

け、乗り場にはEVタクシーとLPGタクシーが交互に配車されるというシステムです。

現在、ここに乗り入れているEVタクシーは、鶴見区内の2社のタクシー業者が所有する6台。EVタクシーは待機所でほとんど待つことなく次々と配車されています。実証実験では、売上がLPGタクシー並みで、収支ではLPGタクシーを上回ったため、本格運用されることとなりました。当初はEVとLPGで乗り場を分けるという話もあったのですが、スペース的に設置が困難だったため、現在のシステムが採用されました。

利用者へのアンケートでも、EVタクシーは走行が静かで安定感がある、車酔いしないなど、好意的に受け止められています。

県内5つのエリアを選定しているEV観光おすすめコース

神奈川県では「EVでめぐるエコ旅！　かながわ！」の取組みを進めており、2013年度は、EVを使った快適で楽しいドライブが楽しめる「EV観光おすすめコース」として、箱根、湘南、三浦・横須賀、県央、横浜という県内5つの人気の観光エリアを選定しています。

専用のホームページでは、各エリアに設定されたモデルコースの観光スポット情報に加えて、このコースをEVでめぐる際に役立つ目安情報として、観光スポット間の移動距離、所要時間、そして充電スポット情報、EVで訪れると特典が受けられる観光施設の情報などを提供しました。

2013年10月にはシングルの男女がEVでこの観光スポットをめぐる婚活イベントを実施し、2日間で38名が参加しました。そのほかにも、EVバイクの無料試乗やEVレンタカー無料体験、無料で4時間まで利用できるEVカーシェアリングなども実施。さらに、観光事業者などとタイアップした観光地でのEV電源を利用したイベントなども開催しました。

（専用ホームページ　http://www.kanagawa-evkankou.com/）

Point
- 神奈川県は日本で最もEVの多い地域
- 実績はEV普及台数5563台、急速充電器200基（2014年3月末時点）
- EVと観光を組み合わせた事業にも積極的

EV観光おすすめコース

各種の情報は専用ホームページで確認できる

EVを利用した婚活イベントの1コマ

八景島シーパラダイスで開催された
EV電源を利用したイベントの模様

第2章 先進的なEV・PHVタウン

2-2　Case2　愛知県

官民連携で次世代自動車の普及に尽力

　愛知県独自の制度として、2012年1月からEV・PHV・PHEVを対象に自動車税の課税免除制度を導入しました。これは2012年1月1日から2017年3月31日までの間に新車新規登録を受けたEV・PHV・PHEVの保有者に対して5年度分の自動車税を全額課税免除とするものです。同制度の導入後は2011年末に1060台であったEV・PHV・PHEVの保有台数が2013年末に6389台と飛躍的に伸び、その効果が実証されました。

　2013年度までにEV・PHV・PHEVの県内新車販売で2000台、累計5000台以上を目標に掲げました。充電インフラについては、目標の100基を2010年度に達成したため、2020年度末までに累計1600基と見直しています。

　実績としては、2013年12月末時点でのEV・PHV・PHEVの保有台数は累計6389台（EV3479台、PHV2910台）で、2020年度末までの目標として見直した4万2000台に向けて順調に推移しています。また県では、官民連携で次世代自動車普及を目的に「あいちEV・PHV普及ネットワーク」を発足。96団体（2014年7月末時点）が加盟していて、関連団体では合計972台のEV・PHV・PHEVを導入し、率先して普及促進に努めています。

　一方、県内の充電インフラの整備状況は、2014年3月末現在で756基（急速充電器108基、普通充電器648基）で全国一。自動車関連産業が県内の基幹産業の1つであることもあって、充電器メーカーも数多く存在しています。これらの企業努力に加え、小売業などの多くが積極的に設置に協力しています。県では急速充電器、普通充電器の利点を考慮して両者を適材適所に配置する方針で進めています。

　また、県内のコンビニエンスストアに21基の急速充電器が導入されていて、「気軽に利用できる」とEV・PHV・PHEVユーザーに大変好評です。

注目が集まる豊田市の低炭素交通システム「Ha:mo」

　豊田市では、トヨタ自動車と共同で超小型EVのコムスを活用した低炭素交通システム、「Ha:mo（ハーモ）」の実証実験を行っています。「Ha:mo」とは、交通手段そのものの低炭素化だけでなく、ITS（高度道路交通システム）を活用した渋滞解消とエコドライブの推進や、今後は公共交通を含む最適な移動を

豊田市の低炭素交通システム「Ha:mo（ハーモ）」

豊田市役所駐車場にある、太陽光発電システムによる EV・PHV 充電器。屋根の上のソーラーパネルで発電し、パワーコンディショナーの制御によって充電を行う

次世代の環境技術を集約した、全国初の施設として注目されている「とよたエコフルタウン」内にある、「Ha:mo」のステーション

「Ha:mo」では、超小型EVコムスに加え、電動アシスト自転車の利用も可能

ICカード認証システムによって、利用時に会員の本人確認を行う

第2章 先進的な EV・PHV タウン ◎ 51

誘導する交通システムの構築を目指した取組みです。ルート案内サービスや、超小型電気自動車と電動アシスト自転車を利用したモビリティ・ネットワーク「Ha:mo RIDE（ハーモライド）」を提供します。

利用者はトヨタ自動車が開発したモバイルナビゲーションアプリ「Ha:mo」を使い、目的地までのルートを検索可能。「エコ順」「早い順」などの条件別の検索に加えて、アプリからコムスの予約も可能となっています。

豊田市では、中京大学などで実証実験（Phase1）を行い、2013年10月からは規模を拡大した第2段階の実証実験（Phase2）に移行しました。将来的にはコムスを100台規模で配置し、ナビ会員を2000人程度に拡大することを目標としています。全国的にも注目を集めているプロジェクトの1つです。

トヨタグループが中心となって取り組んでいる先進的なプロジェクト

トヨタ車体では、超小型EVコムスを販売しています。コムスは、身近に使ってもらえる小型EVとして注目されていましたが、不評だったデザインの見直しなどにより、より多くの人気を集める車種になっています。

排気量50cc以下の「ミニカー」規格になるので、運転には普通自動車免許が必要となります。最高速度は時速60km。荒川車体が開発した初代コムスを同社が引き継ぎ、デザイン、価格、性能の3面のフルモデルチェンジを行い、2012年7月に販売開始しました。航続距離は50km、充電時間は100Vで6時間。価格は66.8万〜79.8万円。累計2600台を販売。配送業務のほか、ホームヘルパー用車両など福祉用途での購入事例もあります。

トヨタメディアサービスでは、トヨタ自動車と共同でHEMS（ホームエネルギーマネジメントシステム）を開発しました。このシステムは、家庭の電力使用状況や、ON/OFFを遠隔操作で制御可能にするもの。電気の見える化に特化した「H2V」(Home to Vehicle：住宅からEVなどに電力を供給すること）を実用化しました。EV・PHV・PHEVの充電も遠隔操作でき、消費電力量や電気料金が見えることで、省エネ意識も高まります。さらに進化させた「H2V eneli」はEV・PHV・PHEVへの充電に加え、最大10台まで家電の遠隔操作も可能。トヨタホームのHEMSとして標準装備され、EV・PHV・PHEVの購入を前提に導入するというユーザーも多いとのことです。

さらに、充電器の分野でも、トヨタグループが開発の一翼を担っています。

豊田自動織機では、1990年代から充電器の開発を行っています。本来は自動車部品開発を専門とする企業ですが、分電盤などを主力製品とする地場産業の日東工業やトヨタホームとタッグを組んで充電器開発に取り組んできまし

トヨタ車体の超小型EVコムス

先代のコムスは、「耕運機のようだ」とデザインが不評だったため、近未来的でスタイリッシュなデザインに変更。若手や女性スタッフの意見も強く反映されている

充電は100Vなので家庭用コンセントでOKだ

鉛蓄電池を使用し、1台に12V電池を6ユニット搭載する。重量は電池だけで120kgあるが、車両下部に電池を配置し、安定感ある車両の低重心化に成功した

第2章　先進的な EV・PHV タウン　53

た。日本で初めてJARI認証を取得したのも、同社製の普通充電器でした。これは、一般財団法人日本自動車研究所（JARI）が設定した安全性能や品質管理などの条件をクリアした製品に対して与えられるもので、非常に厳しい安全規格に適合した製品として認められました。

世界初の4WD SUV、アウトランダーPHEV

　三菱自動車工業は、プラグインハイブリッド自動車としては世界初の4WD SUVである、アウトランダーPHEVを2013年1月から販売しています。これは、前後2つのモーターを搭載し、電気での航続距離が60kmと長く、電気で走ることを主流とするPHEVです。

　EV走行に加えて、エンジンで発電してモーターで走行するシリーズ走行、エンジンで走行しながらモーターがアシストするパラレル走行という3つのモードが自動で切り替わります。例えば、EV走行中にバッテリー残量が少なくなるとシリーズ走行に切り替わり、自分で発電。さらに、ECOモード機能を搭載し、アクセルを踏み込んでも加速しないようにするモーター制御も可能です。

自動車産業の集積地としてさらなるリーダーシップに期待

　都市部では山間部より航続距離や道路状況などの不安要素が少ないため、EV・PHV・PHEVは、都市生活者によりアピールする自動車です。マンションなど集合住宅の居住者からも乗りたいという声は大きく、この点で規制緩和が進めば、加速度的な普及が期待されます。

　また愛知県は、自動車保有台数や住宅用太陽光発電設置基数が日本一であり、道路インフラも整備が進んでいます。自動車部品メーカーの生産拠点が数多く立地することもあって、EV・PHV・PHEVの普及に関しても他の都道府県に先駆けて取り組んできました。年間30回以上も試乗会や展示会などのPRイベントを実施するなど、FCVを含めた次世代自動車の普及にも積極的で、今後もさらなる普及が期待されます。

Point
- EV・PHV・PHEVの普及に先駆けて取り組んできた先進地域
- 豊田市では低炭素交通システム「Ha:mo（ハーモ）」の実証実験中
- 自動車メーカーなどとの連携で進められる先進的な取組み

三菱自動車工業の4WD PHEV

三菱自動車工業が開発したプラグインハイブリッド自動車としては世界初の4WD SUV「アウトランダーPHEV」。EV走行、シリーズ走行（エンジンで発電し、モーターで走行）、パラレル走行（エンジンで走行し、モーターでアシスト）を自動で切り替え、電気での航続距離は60kmと長い

愛知県の取組みの1つ「EV・PHV充電まっぷ」

愛知県では2013年12月に静岡県、富山県、石川県、岐阜県および三重県とともに、EV・PHV・PHEV用充電器の位置情報がわかるスマートフォン専用アプリ「EV・PHV充電まっぷ」を開発。自治体としては全国初の取組みであり、EV・PHV・PHEVユーザーの不安を解消するための仕組みづくりは、かなり先進的だ。

2-3 Case3　長崎県

マスコミや海外からも注目される
EV先進地

　2009年に、第1期EV・PHVタウンとして選定された長崎県。同年9月に策定されたアクションプランでは、離島が多くガソリン価格が高い水準にあるという実情から、従来の「化石燃料の県」から脱却して「新エネルギー県」への飛躍を目指すことを宣言しています。

　設定されたEV・PHVと充電インフラの普及目標は、2013年度前後までにEV・PHVの導入が500台、200V電源500箇所の整備を掲げました。さらに2013年策定のビジョンでは、県内全域に急速充電器32箇所、急速または普通充電器32箇所の計64箇所の増設が目標として定められていましたが、2014年5月に急速充電器85箇所、普通充電器161箇所を追加する見直しが行われ、計310箇所の目標となっています。

　2013年4月末時点の実際の実績を見てみると、県全体でのEV・PHVの普及台数はEV約510台、PHV約120台で、合計約630台。目標の500台はらくらくクリアしました。さらに、そのうちの140台（EV138台・PHV2台）は五島市と新上五島町という五島地域に重点的に導入され、そのほとんどがレンタカーやタクシーなどに利用されています。住民だけでなく、観光客の足としても活躍中です。

　一方、公共性が高い充電インフラは、県全域で急速充電器46基、普通充電器49基が整備済みとなっています。「20km間隔で充電器配備」というコンセプトで立てられた計画に対して、五島地域ではこの目標をほぼ達成しました。今後は、人口集中地域や交通量の多い国道の結節点などを中心に、64基の充電器が設置予定になっています。

「長崎EV&ITSコンソーシアム」と「長崎みらいナビin五島」

　EVと観光ITS（高度道路交通システム）を連動させたITSスポット対応カーナビのルール化・標準化の実証実験を実施する、産学官連携の協議会が「長崎EV&ITS（エビッツ）コンソーシアム」です。このコンソーシアムは、環境や観光を軸に、長崎県の地域振興・産業振興を目的として設立され、2014年3月末まで活動を行いました。

　当初の参加は99団体でしたが、その後、4つのワーキンググループがつくら

風光明媚な五島列島の名所へEVドライブ

日本の渚（なぎさ）百選にも選ばれた「高浜海水浴場」とEV

映画『悪人』のロケ地にもなった大瀬崎灯台も、EV観光エリアだ

独特の石垣塀が風情豊かな武家屋敷通りとPHV

キリスト教関連遺産の多い福江島。名所の1つ「堂崎天主堂」界隈はEVレンタカーにも人気の場所

れ、221団体が参加しました。それぞれのワーキンググループは、①EV・充電器、②ITSインフラ、③コンテンツ、④エコアイランド（再生可能エネルギーを生かしたマイクログリッドやスマートグリッドなどのエネルギーの地産地消）で、それぞれが充実した議論を行いました。

　このコンソーシアムから誕生した「長崎みらいナビin五島」は、EVと専用カーナビ、パソコン、携帯電話、スマートフォンなどを連携させた新たな地域型ナビサービスです。例えば、充電時などに観光スポットや充電スポットなどの地域情報が得られたり、閲覧画面からそのスポットの位置情報をナビにダウンロードして「目的地・経由地」に設定することが可能な情報サイトになっています。さらにコース情報を一括して設定できる機能や、非IP系（インターネットに接続していない）ITSスポットでの交通機関の欠航情報や災害情報などをナビへ自動通知することも可能です。さらに、スマートフォンでの充電施設稼働状況確認や、EVの電装系の使用状況をリアルタイムにナビが取得・走行ルートの勾配などを読み取って目的地までの電池残量予測を行う機能など、「電欠」解消への強い味方となっています。

　「長崎EV&ITSコンソーシアム」の4つのワーキンググループで検討した技術的・機能要件で実配備を行うのは地元・五島市および新上五島町の「EV＆ITS実配備促進協議会」です。2011年までに、コンソーシアムから提案された要件に基づいて、五島市にEV80台・PHV2台の計82台を大量導入しました。導入したEV・PHVは、本協議会会員のレンタカー会社やタクシー事業者などにリース。急速充電器の認証カード発行や料金徴収などの取りまとめも行っています。

五島市における具体的な取組み
【うつみ食堂】
　五島市内に店を構える「うつみ食堂」は、創業25年を数えるラーメン、ちゃんぽん、定食をメインとした定食屋さんです。このお店では、出前用車両として三菱自動車工業のミニキャブ・ミーブ2台を利用しています。島嶼部（とうしょ）ということでガソリン価格が高い地域であるため、ある程度決まったルートを回る宅配などの用途では、EVを導入する効果は高いのです。充電器は普通充電器を2基、店舗脇の駐車場に設置。月3万円／台かかっていたガソリン代が発生せず、電気料もさほどかからないことからコスト削減に役立っています。

【大波止タクシー】
　五島市がある五島列島福江島で、初めてEVをタクシーに導入したのが「大

先進のITS

島内の急速充電器にはITSスポットが併設されている

対応車載器のカーナビにブラウザ表示。閲覧にはOKを押すだけ

「長崎みらいナビin五島」のトップ画面。観光情報のほか、CAN接続で充電残量案内なども可能

五島市のEV公用車と道の駅

道の駅「遣唐使ふるさと館」では、複数の再生可能エネルギーによる災害時対応マイクログリッドシステムを構築し、非常時には蓄電したエネルギーをEVへ充電

「ごとりん」「バラモンちゃん」など地元ゆるキャラのラッピング塗装で人気の、五島市公用車EV。充電口に描かれているのは「つばきねこ」

第2章　先進的なEV・PHVタウン　59

波止タクシー」です。現在、日産自動車のリーフ3台を運用しており、充電設備も急速充電器1基と普通充電器3基を導入しています。特に、別棟にある普通充電器の電気系統を深夜電力契約にしてタイマー式で普通充電が深夜に行われる仕組みを取り入れており、割安な深夜電力を活用しています。

　また、EVはオイル交換が必要ないため、メンテナンス費用の削減効果もあります。

【日産レンタカー五島店】

　日産レンタカー五島店では、2010年にEVレンタカー事業を開始しました。現在、日産リーフ1台、三菱自動車アイ・ミーブ4台をレンタカーに活用中です。安心して走行できる40km程度の観光コース提案など地道なPR活動で、EVレンタカーの稼働率は年々上昇中です。充電インフラは普通充電器を5基設置していて、低圧の普通充電のため設置費もそれほどかからず、電気料の基本料金も上がりませんでした。

【レンタカー椿】

　島の自然環境を守るため、2012年に三菱自動車アイ・ミーブ20台を導入してレンタカー事業に参入したのが「レンタカー椿」です。軽EVのアイ・ミーブを主体としたレンタカーが好評です。

海外からの視察も訪れるEVアイランド・五島に期待

　EV・PHVとITSを連動させた「未来型ドライブ観光システム」を実現する地域型情報配信システム「長崎みらいナビin五島」が完成するなど、着実な実績を残している長崎県。電欠不安解消と有機的な情報収集に役立つEV用カーナビ技術は、世界に先駆ける新技術となる可能性があると各方面から期待が集まっています。

　その中でも五島列島での取組みはマスコミからの注目度も高く、海外からも多くの視察が訪れています。また、各地で課題となっている「課金」についても、同地域の急速充電器はカードリーダー付きで、認証カードを使い1回300円の料金徴収を実施するなど、EV先進の地で成功しつつあるEVアイランドとして注目されています。

Point
- 島嶼部に適したEV導入システムを推進
- 独自のITSスポット対応カーナビ「長崎みらいナビin五島」を開発
- 海外からの視察も訪れるEV先進地

民間での取組み

市内への出前に三菱自動車工業のミニキャブ・ミーブを導入している「うつみ食堂」

日産自動車のリーフ3台を運用している「大波止タクシー」

軽EVレンタカーに三菱自動車アイ・ミーブを活用する「レンタカー椿」

第2章　先進的なEV・PHVタウン　61

経済産業省の「EV・PHVタウン構想」

　経済産業省は、2010年4月に「次世代自動車戦略2010」を策定。EV・PHVなどの次世代自動車の普及に向け、研究開発や充電インフラの整備などを行うための中長期的な戦略を構築しています。また、2014年8月に「自動車産業戦略2014（仮称）（案）」が策定されていますが、その中でも「次世代自動車戦略2010」を踏襲していくことが明記されています。そこで立てられた6つの戦略は、

①全体戦略：日本を次世代自動車開発・生産拠点に
②電池戦略：世界最先端の電池研究開発・技術確保
③資源戦略：レアメタル確保＋資源循環システム構築
④インフラ整備戦略：普通充電器200万基、急速充電器5000基
⑤システム戦略：車をシステム（スマートグリッドなど）で輸出
⑥国際標準化戦略：日本主導による戦略的国際標準化

というもので、その中のシステム戦略における取組みの1つに「EV・PHVタウンでの新たなビジネスモデル創出」があります。経済産業省では、2009年3月と2010年12月の二期にわたって全国18の都府県を「EV・PHVタウン」として選出。①EV・PHVの初期需要の創出、②充電インフラの整備、③EV・PHVの普及啓発、④効果評価・改善の4つを基本方針とするモデル事業を実施してきました。選定された各都市では、それぞれの自治体が普及のための計画やインセンティブを考え、実際に活動し、多くの実績を残しています。

2020～2030年の乗用車車種別普及目標（政府目標）

		2020年	2030年
従来車		50～80%	30～50%
次世代自動車		20～50%	50～70%
	ハイブリッド自動車	20～30%	30～40%
	電気自動車 プラグイン・ハイブリッド自動車	15～20%	20～30%
	燃料電池自動車	～1%	～3%
	クリーンディーゼル自動車	～5%	5～10%

出典：『次世代自動車戦略2010』（経済産業省）

第 3 章

EV・PHV
電気自動車　　プラグインハイブリッド自動車

普及の現状と
補助金の仕組み

3-1　EV・PHVを取り巻く状況

充電インフラ整備と多目的価値の創造で普及が加速

　ガソリン車やディーゼル車と比べて、EVやPHVが後れをとっている点に航続距離の短さがあります。現在、市販されている日産自動車のリーフは1回の充電で228kmの走行が可能であり、日常的な使用であれば十分ですが、満タンで800km近く走れるガソリン車からすると見劣りしてしまうことは否めません。また、数分で満タンになるガソリン車やディーゼル車に対して、ある程度の充電時間が必要な点も不安視されていました。

　それらを払拭するために充電インフラの整備を進めることが、EV・PHV普及につながります。そこで、政府も手厚い対策を実施しています。2012年度の補正予算で充電器の整備費などに1005億円を計上。2013年3月には充電設備の設置者に対し最大で初期費用の3分の2を補助する制度を始めました。それらの取組みにより、高速道路のサービスエリアやショッピングモールなどの場所でも充電設備が見られるようになってきています。チャデモ協議会によると、2014年8月13日時点で急速充電器は全国で1978箇所。早くからEVに取り組んできた自動車メーカーの販売拠点などから集中的に配備されています。

　さらに、2014年6月に発表された「日本再興戦略」の改訂版でも「2030年までに次世代自動車の新車販売に占める割合を50％〜70％とすることを目指す」としており、特にEV・PHVには大きな期待が寄せられています。

　EV・PHVはガソリン車に比べて維持費が安く、環境にもやさしいことが最大の利点とされていますが、家や地域社会とネットワークでつながることで、蓄電池や情報機器としての役割を果たせることも大きな特徴です。

　例えば日産は、リーフと住宅を接続する「LEAF to Home」というシステムを実用化しています。これはリーフに内蔵された電池の電力を家庭へ供給するもの。比較的余裕があり料金も安い夜間に充電を行い、昼間は貯めた電力を使います。試算では一般的な家庭で月間4000円程度の電気料金の節約になります。さらに、災害時用電源としての活用も可能で、電力会社からの供給が途絶えた場合でも、リーフの電池が満たされていれば約2日間は電気が使えます。EV・PHVを家庭の電力インフラとして利用しようという提案であり、広く認知されることでさらに需要が高まることが期待されます。

充電インフラの整備が普及のカギ

自動車メーカー間の連携で充電器の普及が期待される。急速充電規格「CHAdeMO（チャデモ）」に準拠した急速充電器

住宅との連携も利点の1つ

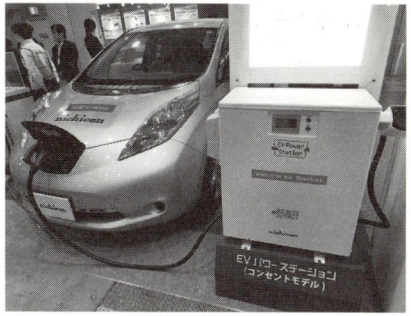

日産自動車はリーフを住宅で使う利点を訴求する（充電時間を短縮できるEV用パワーステーション）

急速充電器設置箇所の推移

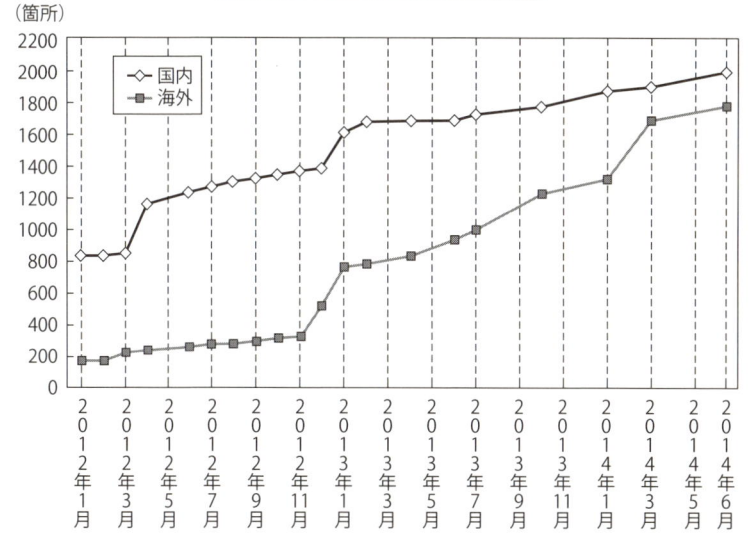

（凡例）国内／海外

出典：チャデモ協議会資料

Point
- 充電インフラの整備がEV・PHV普及のカギ
- 政府や自動車メーカーが主導で普及に尽力
- 住宅と連携して蓄電池や情報機器としても活用

第3章　EV・PHV普及の現状と補助金の仕組み

3-2 自動車メーカーの取組み

技術開発だけでなく
インフラ整備にも尽力

　EVは過去に何度も市場に投入されてきましたが、利用は公的機関などごく一部に限られ、大規模な普及にはつながりませんでした。その要因の1つとして、充電インフラの整備が進まなかったことが挙げられます。それに対して、日本の自動車メーカーでも、EV・PHV車両の開発・生産だけでなく、各種のインフラ整備にも力を入れています。

　EVと急速充電器の普及推進活動を行う「チャデモ協議会」を2010年3月に設立。自動車メーカーに限らず、エネルギー関連会社、充電器メーカーなど、広範囲にわたる企業や自治体などが参加しています。「CHAdeMO（チャデモ）」は、日本発のEV用急速充電の規格で、IEC（国際電気標準会議）によって国際標準規格として承認され、日本に限らず世界中で普及が進んでいます。

　2013年7月には、トヨタ自動車、日産自動車、本田技研工業、三菱自動車工業の自動車メーカー4社が「【PHV・PHEV・EV】充電インフラ普及プロジェクト」を立ち上げ、充電インフラの整備に協力する体制をつくっています。このプロジェクトでは、充電器の設置を希望する企業や自治体に対して、政府の補助金では賄いきれない設置費用と維持費用などを支払うというもの。充電インフラの推進をさらに加速化させる役割を担います。

　同プロジェクトを実行、運用するために「日本充電サービス（NCS）」を2014年05月に設立し、利便性の高い充電インフラネットワークの構築を推進することになりました。1枚の充電カードでNCSが管轄するすべての充電器をいつでも利用できるサービスを提供します。さらに、ユーザー向けのコールセンターの設立や、充電完了を知らせるメール配信サービスなどを進める予定です。

　日本メーカー以外の輸入車販売業者も、充電設備導入を積極化する姿勢を示しています。フォルクスワーゲングループジャパン（愛知県豊橋市）は2014年を"EV元年"と位置付け、2015年までにすべての新車販売店に普通充電器を設置するとしています。これは、フォルクスワーゲンが開発するEV・イーアップとイーゴルフを2014年後半に日本で投入することを踏まえた措置で、普及が進んでいる急速充電規格「CHAdeMO」に対応する方針です。

充電インフラネットワークサービスの概要

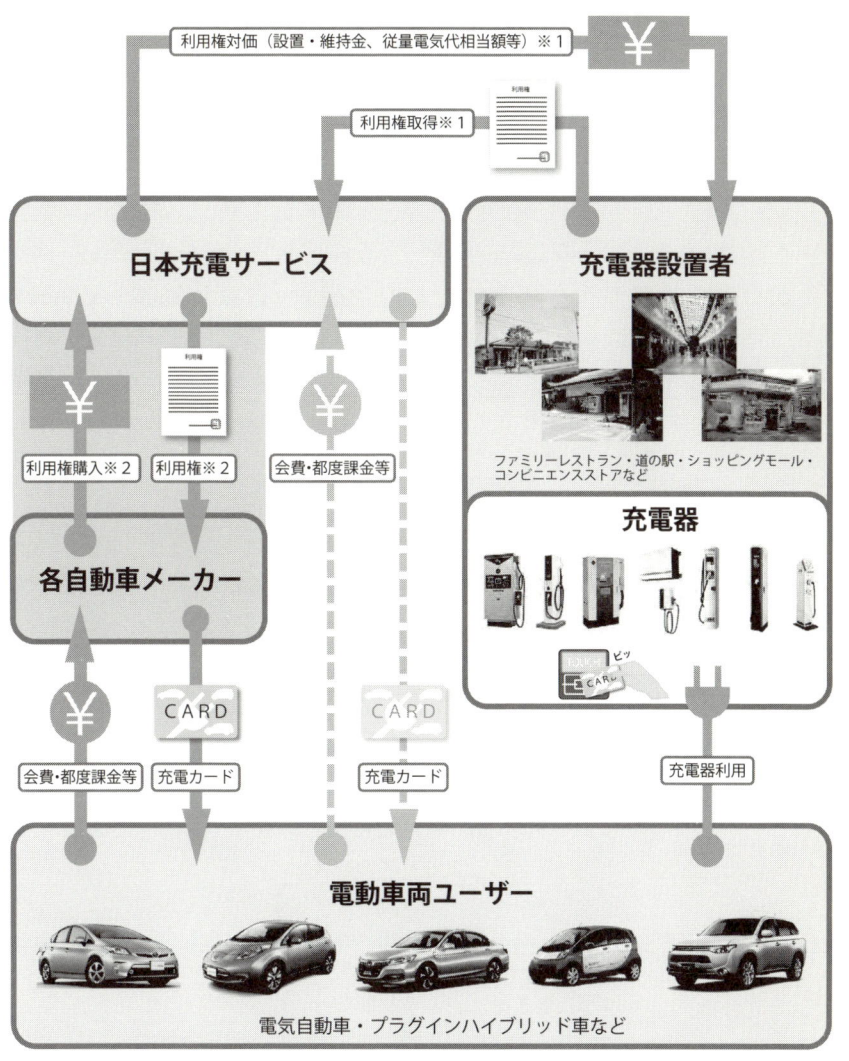

利用権対価（設置・維持金、従量電気代相当額等）※1

利用権取得※1

日本充電サービス

充電器設置者

ファミリーレストラン・道の駅・ショッピングモール・コンビニエンスストアなど

充電器

利用権購入※2　利用権※2　会費・都度課金等

各自動車メーカー

会費・都度課金等　充電カード　充電カード　充電器利用

電動車両ユーザー

電気自動車・プラグインハイブリッド車など

※1　日本充電サービスは、充電インフラネットワークサービス提供のために充電器設置者から充電器を利用する権利を取得する。
※2　各自動車メーカーは、充電カードを発行し、充電インフラネットワークサービスを提供するために、日本充電サービスより利用権を購入する。

出典：日本充電サービス（NCS）資料

Point
- 自動車メーカーは車両開発だけでなくインフラ整備にも尽力
- 構築が進む有料充電サービスネットワーク
- 日本市場にも投入されつつある外国メーカーのEV

3-3 補助金の利用手順

EV・PHVと充電設備の補助金

　EV・PHVの購入者は、政府による「クリーンエネルギー自動車（CEV）等導入促進対策費補助金」と、税の軽減措置が受けられます。詳細は経済産業省のサイト（http://www.meti.go.jp/policy/automobile/evphv/information/）や次世代自動車振興センターのサイト（http://cev-pc.or.jp/hojo/cev_index.html）で確認できます。その他にも、一部の自治体で独自の補助制度を設けているところもあります。また、充電設備を個人の自宅やマンションの駐車場に設置する場合も、補助金などがあります（http://cev-pc.or.jp/hojo/hosei_advice.html）。設置のためのガイドブックなどの資料も用意されているので活用しましょう。

　これらの情報を検討段階で調べておくと、お得に購入できますが、EV・PHVを扱っている自動車販売店に相談するのもいいでしょう。

補助金対象車種の例

2014年8月時点

分類	メーカーと車種
普通自動車	・トヨタ自動車　プリウスPHV
	・日産自動車　リーフ
	・日産自動車　e-NV200
	・三菱自動車工業　アウトランダーPHEV
	・本田技研工業　アコードPHEV
	・ポルシェジャパン　パナメーラS E-ハイブリッド
	・ビー・エム・ダブリュー　i8／i3
	・テスラモーターズ　モデルS
小型自動車	・本田技研工業　フィットEV
	・メルセデス・ベンツ日本　スマート フォーツー
軽四輪車	・エジソンパワー　エコロンE
	・三菱自動車工業　アイ・ミーブ
	・三菱自動車工業　ミニキャブ・ミーブ
側車付軽二輪車	・光岡自動車　雷駆
原付四輪車	・トヨタ車体　コムス
	・筑水キャニコム　おでかけですカー
原付二輪車	・ヤマハ発動機　EC-03
	・本田技研工業　EV-neo
	・スズキ　e-Let's

出典：次世代自動車振興センター資料

次世代自動車振興センターが取り扱う補助金の申請手順

EV・PHVの補助金申請から補助金交付までの流れ

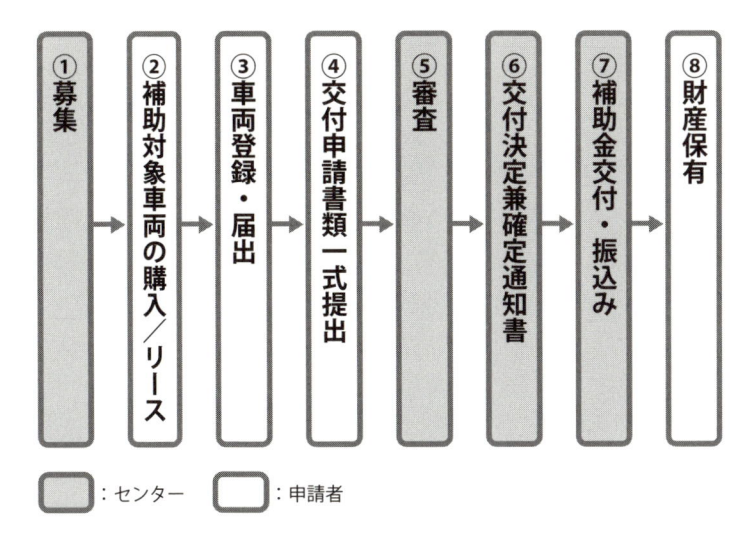

① 募集 → ② 補助対象車両の購入／リース → ③ 車両登録・届出 → ④ 交付申請書類一式提出 → ⑤ 審査 → ⑥ 交付決定兼確定通知書 → ⑦ 補助金交付・振込み → ⑧ 財産保有

■：センター　□：申請者

充電設備の補助金申請から補助金交付までの流れ

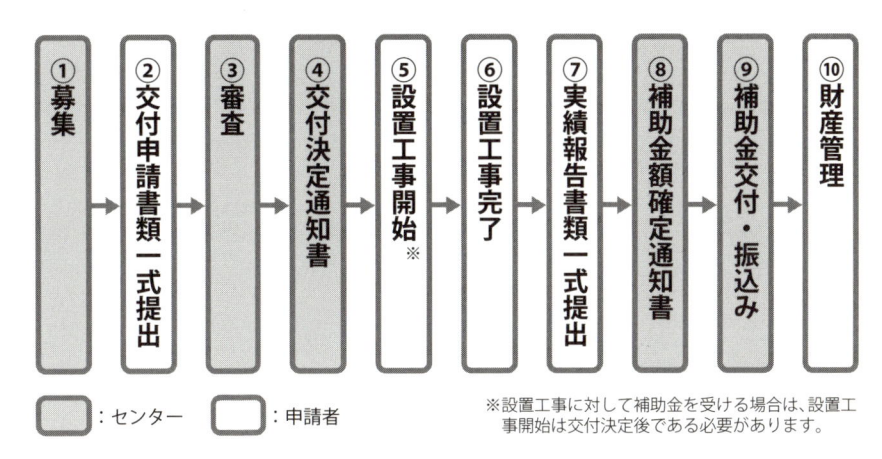

① 募集 → ② 交付申請書類一式提出 → ③ 審査 → ④ 交付決定通知書 → ⑤ 設置工事開始※ → ⑥ 設置工事完了 → ⑦ 実績報告書類一式提出 → ⑧ 補助金額確定通知書 → ⑨ 補助金交付・振込み → ⑩ 財産管理

■：センター　□：申請者

※設置工事に対して補助金を受ける場合は、設置工事開始は交付決定後である必要があります。

出典：次世代自動車振興センター資料

Point
- EV・PHVの導入時には、補助金制度と減税制度を活用しよう
- 自宅やマンションの駐車場への充電設備設置にも補助金がある
- 普通自動車だけでなく、軽や原付にも補助金対象車がある

第3章　EV・PHV普及の現状と補助金の仕組み　69

3-4 充電設備設置のための補助金

公共的な場所には購入費と工事費の最大3分の2を補助

　次世代自動車充電インフラ整備促進事業として、充電設備の設置に対する補助金が用意されています。取扱いは次世代自動車振興センターで行っています。

　対象者は、自治体、事業者、個人など多方面にわたりますが、公共性を有する[※1]充電設備を設置する場合は、購入費と工事費の最大2分の1の補助が受けられ、さらに「自治体等が策定する充電器設置のためのビジョン」[※2]に基づくと認められた場合は、最大3分の2の補助が受けられるというものです。

　公共性の高い場所として、高速道路会社、コンビニエンスストア、ショッピングモール、ファミレス・ファストフード店、ガソリンスタンド、コインパーキング、アミューズメントパーク、宿泊施設などが挙げられています。

　マンションの駐車場と月極駐車場などへ充電設備を設置する場合には、購入費と工事費の2分の1の補助があります。また、自宅や事務所などに設置する場合も、購入費の2分の1が補助されます。

　申請受付期間は2013年3月19日から2015年2月27日までですが、申請総額が予算額を超過する場合には申請締め切り前であっても申請の受付けを終了する予定です。充電設備設置を検討されている場合は、早めの問い合わせをおすすめします。なお詳細は、http://cev-pc.or.jp/ で確認できます。

※1：「公共性を有する」とは、以下のすべての要件を満たす必要があります。①充電設備が公道に面した入り口からだれもが自由に入れる場所にあること、②充電設備の利用をほかのサービス（飲食など）の利用または物品の購入を条件としていないこと（ただし、駐車料金の徴収は可）、③利用者を限定していないこと（ただし、会員制などとしていても、その場で料金を払うことで充電器を利用できる場合は条件を満たすものとする）。

※2：「自治体等が策定する充電器設置のためのビジョン」とは、都道府県および高速道路会社が策定するもので、電気自動車などに必要な充電設備を計画的に配備するために適切な設置場所などが示されます。ビジョンを策定している自治体などについては、同センターのホームページで公表しています。

公共性を有する充電設備：購入費と工事費の最大2／3を補助

高速道路会社 　　コンビニエンスストア 　　ショッピングモール

ファミレス・ファストフード店 　　ガソリンスタンド 　　コインパーキング

アミューズメントパーク 　　宿泊施設　　など

マンションの駐車場や月極駐車場など：購入費と工事費の1／2を補助

マンション・アパート 　　月極駐車場　　など

自宅・事務所など：購入費の1／2を補助

戸建住宅

出典：次世代自動車振興センター資料

Point
- 公共性を有する場合は購入費と工事費の最大3分を2を補助
- それ以外でも最大2分の1を補助
- 申請受付け期間は2015年2月27日まで

第3章　EV・PHV普及の現状と補助金の仕組み　71

3-5　日本の主要メーカーの詳細情報

トヨタ、日産、ホンダ、三菱自動車のEV・PHV

　各自動車メーカーのサイトでは、車両に関する説明だけでなく、補助金や減税措置に関しても解説しています。これらを活用することで、EVやPHVが手に入れやすくなるでしょう。

※URLは2014年8月時点のものです。

トヨタ自動車

プリウス PHV

写真提供：トヨタ自動車

http://toyota.jp/priusphv/001_p_004/purchase/greentax/

日産自動車

リーフ (EV)

写真提供：日産自動車

http://ev.nissan.co.jp/LEAF/GRADE/subsidy.html

本田技研工業

フィット（EV）／一部の官公庁、自治体、
法人に向けたリース販売

http://www.honda.co.jp/FITEV/

アコード PHEV ／リース専用車両

写真提供：本田技研工業　　http://www.honda.co.jp/ACCORD-PHEV/webcatalog/type/

三菱自動車工業

アイ・ミーブ（EV） 　　ミニキャブ・ミーブバン（EV） 　　ミニキャブ・ミーブトラック（EV）

アウトランダー PHEV

写真提供：三菱自動車工業　　http://www.mitsubishi-motors.co.jp/i-miev/

第 3 章　EV・PHV 普及の現状と補助金の仕組み　73

外国メーカーも続々と日本市場にEV・PHVを投入

　次世代自動車に関する開発は日本の自動車メーカーが先進的な取組みを続けていますが、その一方で独自の魅力を持つ外国製のEVやPHVも、次々と日本市場に投入されてきています。

　すでに日本国内で販売を行っているEV・PHVもありますが、それ以外にも多くの海外自動車メーカーが日本市場に製品の投入を予定しています。いずれもそれぞれのメーカーの特徴を活かした製品に仕上がっています。これら外国メーカーのEV・PHVも補助金や減税の対象になり、ユーザーの選択の幅も広がります。

ビー・エム・ダブリュー

i3（EV/PHV）
写真提供：ビー・エム・ダブリュー

メルセデス・ベンツ日本

スマート フォーツー（EV）
写真提供：メルセデス・ベンツ日本

ポルシェジャパン

パラメーラS E-ハイブリッド（PHV）
写真提供：ポルシェジャパン

フォルクスワーゲン

e-up!（EV、2014年内発売予定）
写真提供：フォルクスワーゲングループジャパン

第 4 章

全国の
EV・PHVタウン
&海外の取組み

電気自動車　　プラグインハイブリッド自動車

4-1 広がるEV・PHVタウン

インフラ整備を中心に
EV・PHV導入に取り組む自治体

　経済産業省が推進している「EV・PHVタウン構想」では、EVとPHVの本格的な普及のために、18の都府県を選定してモデル事業を行っています。それらの自治体の取組みに加えて、海外事例を紹介します。なお、特に先進的な取組みを行っている3県に関しては、第2章で紹介しています。

先進的なEV・PHVタウン構想

1. 神奈川県　P.44
2. 愛知県　P.50
3. 長崎県　P.56

全国のEV・PHVタウン構想

④ 青森県　P.78
⑤ 栃木県　P.82
⑥ 埼玉県　P.86
⑦ 東京都　P.90
⑧ 新潟県　P.94
⑨ 福井県　P.98
⑩ 岐阜県　P.102
⑪ 静岡県　P.106
⑫ 京都府　P.110
⑬ 大阪府　P.114
⑭ 鳥取県　P.118
⑮ 岡山県　P.122
⑯ 佐賀県　P.126
⑰ 熊本県　P.130
⑱ 沖縄県　P.134

注目したい自治体の先進的取組み

Ⓐ 三重県伊勢市　P.138
Ⓑ 兵庫県淡路島　P.142
Ⓒ 鹿児島県薩摩川内市　P.146

海外事例

Ⓓ アメリカ・ニューヨーク　P.150
Ⓔ エストニア・タリン　P.154

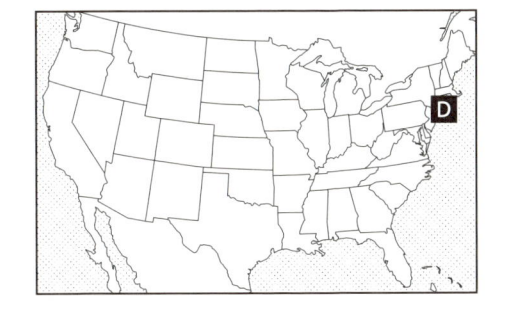

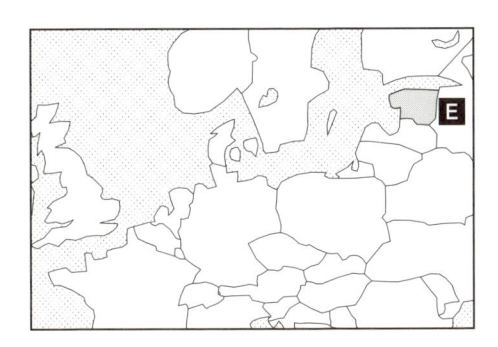

4-2 全国のEV・PHVタウン Case1 青森県

「EV・PHVタウン推進アクションプラン」を推進中

　東北・北海道エリアで唯一「EV・PHVタウン構想」に選定される青森県では、県が導入した12台のEV・PHVを全市町村に順次、無償貸与し、普及促進を図っています。しかし、冬場の厳しい自然条件に対応できる走行性能や暖房効率を有するEV・PHVが求められるため、本格的な普及はこれからです。

　2014年3月時点での県全体のEV・PHVの普及台数は703台（EV348台、PHV355台）で、目標（EV・PHVの合計1000台）の約70％の達成率になっています。充電インフラの整備状況としては、急速充電器22基、普通充電器85基が設置済みです。目標値である急速充電器10基、中速・普通充電器100基の普及に対して、急速充電器設置数では目標値をクリア。現在までに「充電サポーター」として、カーディーラーを中心にガソリンスタンドなど76の事業者が登録済みです。

地場産業活性化を目指す北国コンバートEV

　来るべきEV・PHV社会に向けて地場産業のビジネス展開の可能性を模索するために、県内の産学官金（金＝金融機関）が一体となり、2011年には「あおもりEV・PHV関連ビジネス研究会」が立ち上がりました。

　そのメンバーであるササキ石油販売（十和田市）が中心となり、タジマモーターコーポレーション（東京）の開発協力によって2013年3月に完成したのが「北国でもしっかり走るコンバートEV」のプロトタイプ車です。製作に要した期間はわずか5カ月。ベース車となったスズキ・エブリイの4駆ミッションの活用、灯油ヒーターによる暖房能力の確保など、まさに「北国スペック」が搭載された画期的なコンバートEVとして注目されています。2013年度以降も、県内企業によるEV製作実証や、関係者によるビジネス化に向けた検討会の開催など、活発な取組みが続いています。

EVバスを活用する七戸町

　前・現町長のリーダーシップによって2007年度から環境エネルギー推進に積極的に取り組んできた七戸町では、EV・PHV普及に向けていくつかの先進的な試みを実践中です。

充電器の整備が進む十和田市

駐車しやすい好立地にある充電スタンド

北国をアピールするコンバートEV

パートタイム4駆を採用

ガソリンの給油口にプラグを装着

第4章　全国のEV・PHVタウン&海外の取組み　79

その1つが2011年9月に始動した電気バス運行事業。2010年12月に開業した東北新幹線「七戸十和田駅」から、下北半島や十和田湖といった観光地への2次交通として環境にやさしいEVを活用しようという考えによるもので、現在、平日は七戸町内を循環する無料のシャトルバスとして活用されており、すでに町民や観光客にとっての公共交通として定着しています。
　また、100％電気バスという強みを活かし、県内有数の観光地である十和田湖地域への自然保護に有効活用できるものとして、休日には駅と十和田湖方面をつなぐシャトルバスへの活用や、この地域での自然散策や体験などを楽しむことができるエコ観光を目的とする旅行商品にも活用されています。

十和田湖や奥入瀬渓流などの人気観光地で活躍するEV

　十和田湖・奥入瀬渓流という人気観光地をEVで周遊できるように、七戸十和田駅から十和田市役所、奥入瀬渓流入口、十和田湖畔という3箇所におよそ20km間隔で急速・中速充電スタンドを整備。また、市民にEVを貸し出すEVカーシェアリングを2011年から行っています。
　さらに、奥入瀬渓流の自然保護と渋滞緩和を目的とするエコロードフェスタを開催。国道102号線奥入瀬渓流区間を2日間マイカー規制して開催したウォーキングツアーに加えて、2011年からは七戸町のEVバスを使った試乗会なども行われています。70％近くが県外からの参加者で、県内外を問わず広くEV導入のメリットをアピールする場となっています。

地域性を活かした取組みで新たなビジネス展開を目指す

　EV・PHVの普及促進を地域の産業振興につなげていきたいというのが、青森県の目標です。今後は、北国に合った独自のコンバージョンEVの開発をはじめ、介護用や農業用など大手メーカーと競合しない隙間分野を狙った車両開発とメンテナンス技術の蓄積や、低炭素・循環型社会にマッチする新たな利活用モデルの構築などの取組みを通じてビジネスとしての事業展開を目指しています。

Point
- 東北・北海道エリアで唯一EV・PHVタウン構想に選定
- 冬季の積雪と寒さに対応する独自のEV開発に向けた意識が高い
- EVバスはエンジンバスに比べてパワーがあり、走り出しがスムーズ

七戸町のEVバス

七戸町、十和田市を走る
EVバス

充電は始発バス停
(道の駅「しちのへ」)
の急速充電器で行う

青森県が独自にデザインしたロゴ

第4章　全国のEV・PHVタウン&海外の取組み

4-2　全国のEV・PHVタウン　Case2　栃木県

独自の環境立県戦略で目指す
EV・PHVの普及

　地球温暖化など環境問題に官民一体となって取り組むために2009年11月に策定した「とちぎ環境立県戦略」では、10年後は「新車の2台に1台を次世代自動車」を目指していて、そのうちの15～20％をEV・PHVにするとしています。

　また、2013年度までの短期の普及目標として、県内でのEV・PHV普及台数は1000台、急速充電器の設置基数は、空白地域をゼロにするために20kmメッシュに1基を基本とし、人口や観光客の多さなどのアレンジを加えて25基と掲げました。それに対して、2014年3月末時点でのEV・PHVの普及台数は1509台（EV968台、PHV541台）で、目標数を突破。急速充電器は目標の2倍を超える56基が整備され、県内の空白地域も解消されています。ユーザーの利便性を考慮し、高速道路インターの近くや道の駅といった優先度の高い場所に重点的に補助金を出す施策が功を奏したようです。

　また、課金に募金方式を導入するなど独自の取組みを行っています。

　「那須平成の森」にも程近い場所にある環境省の「那須高原ビジターセンター」に設置されている急速充電器は、「1回500円程度の募金方式」を採用しています。環境省の土地の一部を栃木県が借りる形で実現したもので、ビジターセンターへの急速充電器の設置は全国初。また、募金方式の採用は山形県に続き全国で2例目で、民間ベースでの充電インフラ整備を促進するために、課金方法のあり方を検討する1つのアイデアとして注目されています。

レイル&EV観光モデル事業

　EVが苦手とする寒冷・急峻な山岳地域に日光、那須という人気観光地を有する栃木県では、環境負荷の低い鉄道とEV・PHVを組み合わせた旅行の実現に向けた取組みを実施。具体的にはEV・PHVのレンタカーやタクシーの導入補助や日光宇都宮道路および奥日光地区駐車場の利用料金を補助するほか、EV・PHV利用者に対して観光施設の協力で割引きや記念品のプレゼントを行いました。また、モデルコースでの電池残量の目安をリーフレットに示し、安心してEV・PHVで走れることをPRしています。

募金方式を採用したビジターセンターの急速充電器

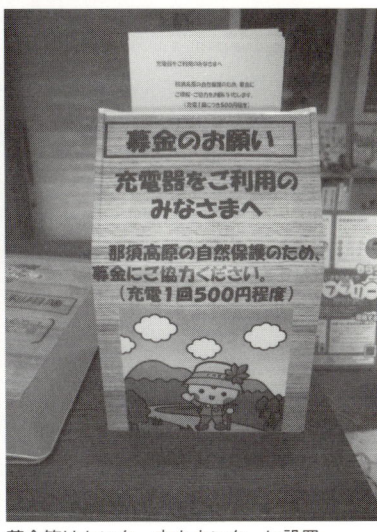

国立公園内ということで色の規制が厳しい

募金箱はセンター内カウンターに設置

レイル＆EV観光モデル事業

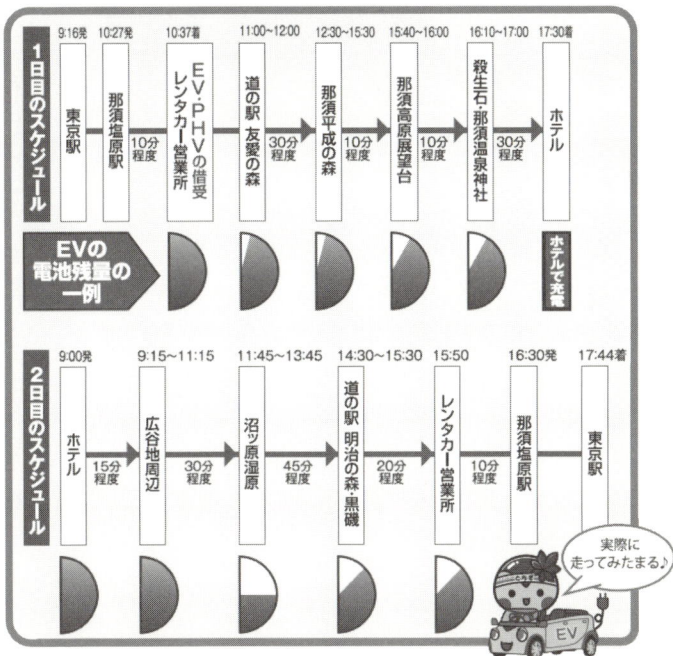

1日目のスケジュール
- 9:16発 東京駅
- 10:27着 那須塩原駅
- 10分程度
- 10:37着 EV・PHVのレンタカー借受営業所
- 11:00〜12:00 道の駅 友愛の森
- 30分程度
- 12:30〜15:30 那須平成の森
- 10分程度
- 15:40〜16:00 那須高原展望台
- 10分程度
- 16:10〜17:00 殺生石／那須温泉神社
- 30分程度
- 17:30着 ホテル

EVの電池残量の一例　ホテルで充電

2日目のスケジュール
- 9:00発 ホテル
- 15分程度
- 9:15〜11:15 広谷地周辺
- 30分程度
- 11:45〜13:45 沼ッ原湿原
- 45分程度
- 14:30〜15:30 道の駅 明治の森・黒磯
- 20分程度
- 15:50 レンタカー営業所
- 10分程度
- 16:30発 那須塩原駅
- 17:44着 東京駅

実際に走ってみたまる♪

リーフレットでモデルコースや充電スポットを紹介。電池残量の目安もわかるので安心して観光を楽しんでもらう工夫がされている

第4章　全国のEV・PHVタウン&海外の取組み

民間の充電インフラ整備をはじめさまざまなモデル事業を推進

　那須高原で人気を集める「NASUのラスク屋さん」では、2011年11月に店先の駐車場に無料の急速充電器を設置しました。「東日本大震災のあと那須は風評被害もあって観光客が減っていたため、少しでも地域の役に立てば」(鈴木謙允社長)という思いだったとのことですが、宇都宮や鹿沼方面からEVで訪れる人には好評です。ゴールデンウィークなど人出の多い時期には幹線道路沿いにある急速充電器のあるカーディーラーが休みになってしまうため、「本当にここがあって助かった」という声も多いといいます。

　一方、旅館やホテルに充電器を設置するケースも増えています。日光中禅寺湖温泉にある「ホテル花庵」では、2012年10月に普通充電器を2基設置。宿泊者だけでなく一般にも無料開放しています。大迫清嗣支配人は「日光は自然が財産。宿でお客さまの心の充電とEVの充電を」と話します。

　鬼怒川温泉の「ホテルあさや」でも2012年9月に普通充電器を1基設置。「初めてEVが充電している様子を目にするお客さまも多く、普及促進の一助になっている」(藤田昭弘支配人)としています。

　栃木県では、その他にもモデル事業を実施しています。その中でもユニークなのが、「中山間地域でのEV活用事業」として、宇都宮市内の農業用水路において小水力発電でつくり出した電気を蓄電池に貯めてEVに充電するという実証実験です。農業用水を使った発電により、系統電力を使わなくて済むという取組みです。日本初の試みですが、実証段階は成功し、今後の普及に向けて注目を集めています。

　また、「本県自動車産業の新たな展開」では、県内の自動車関係の中小企業などに日産自動車のリーフを1週間ずつ貸し出して、EVを体験してもらいました。その後、日産の協力でリーフを分解。EVへの理解を深めるため、分解過程の見学会や車体構造に関する勉強会を開催しました。これによってEVの新たな部品開発につながるものと期待されています。

　「都市部でのEV活用モデル事業」では、宇都宮大学の協力で、教職員と学生を対象にEVカーシェアリングを本田技研工業のフィットEVで実施。利用実績やアンケートからEVは都市部向きであることが確認されたこともあり、都市部での普及促進を目指しています。

Point
- 独自の環境立県戦略「とちぎ環境立県戦略」に基づいて推進
- 道の駅などへの積極的な充電インフラ整備が効果的
- 県民の日でのアピールなど、啓発活動を積極的に展開

民間の充電インフラ整備

普通充電器を2基設置した「ホテル花庵」

中山間地域でのEV活用事業

小水力発電でつくり出した電気を、EVに充電する実証実験を実施中

栃木県自動車産業の新たな展開

中小企業などへ貸し出した日産自動車のリーフの分解過程を見学してもらうことで、EVの新たな部品開発を促す

第4章　全国のEV・PHVタウン&海外の取組み　85

4-2 全国のEV・PHVタウン　Case3　埼玉県

"スマートビークルコミュニティタウン埼玉"を掲げ、EV・PHV導入を推進

　第二期EV・PHVタウンに選定された埼玉県。2011年3月策定の「埼玉県EV・PHVタウン推進アクションプラン」では"スマートビークルコミュニティタウン埼玉"を掲げて、2013年度までの3年間に低炭素な次世代モビリティ社会の実現に取り組みました。県内の自動車メーカーや県、大学などによる産学官連携の「埼玉県EV・PHV普及推進協議会」を設立して、EV・PHVの普及促進を行うとともに、さまざまな実証実験も実施しました。

　普及目標としては、2013年前後までにEV・PHVは合計約3000台、充電インフラは急速充電器40基。2013年3月時点での県全体のEV・PHVの普及台数は2564台（EV1755台、PHV809台）で、目標をほぼ達成しました。前年の2012年3月時点で普及台数は1100台だったものが一気に増加したとのことで、メーカーの積極的な取組みや、充電インフラ整備に伴う県民の認知度アップなどが要因と考えられます。急速充電器も94基が設置済みで、目標を大幅に上回っています。

自然豊かな秩父の地で活躍するEV
【秩父市】
　秩父市の環境立市推進課は地域エネルギー創出に積極的。EV普及では充電インフラを5基設置しました。2011年に秩父駅前に急速充電器、2012年には道の駅3箇所（龍勢会館、大滝温泉、あらかわ）へ充電器を設置し、広く一般に開放しています。

【秩父レール&EV・PHVライド】
　埼玉県が本田技研工業などの支援で実施した「秩父レール&EV・PHVライド」は、秩父市まで電車で移動し、秩父に到着したらEV・PHVを借りて観光を楽しむというもの。2012～13年度にわたって実証実験を行いました。体験者からは「静かなのにパワーのある走りで、坂道もぐんぐん上るのに驚いた」「帰りに電車の中でビールなどが飲めるのがうれしい」との意見がありました。

【電動カート実証実験】
　秩父市では、2011年度から電動カート実証実験を実施。中山間地で高齢者の割合が多い地域特性を踏まえ、地域住民の生活の足としての超小型モビリ

秩父レール＆EV・PHVライド

秩父の充電ステーションは開館時間のみ利用可のところが多い

秩父駅（地場産センター）には屋上太陽光発電と組み合わせた急速充電器がある

中山間地での地域住民の足に

最高時速6kmで免許も不要な本田技研工業のモンパル

広大な聖地公園で高齢者や妊婦などに電動カートを貸し出す実証実験を実施中

第4章　全国のEV・PHVタウン&海外の取組み　87

ティの可能性を探る取組みで、電動カートであるホンダのモンパルは秩父市「聖地公園」と、山頂に神社のある勾配のきつい「三峰公園」で希望者にレンタルしました。電動カートは、最高でも時速6kmしか出ない安全設計で運転免許も不要、誰でも気軽に利用可能です。

籠原駅パーク＆ライド

　埼玉県とホンダが共同で進めた「次世代パーソナルモビリティ実証実験」の一環として、2012～2013年に熊谷地域次世代自動車・新エネルギー普及促進協議会が熊谷市籠原駅で「パーク＆ライド」を実施しました。実験内容は、自宅から駅まではEV・PHVで移動し、駅から目的地までを公共交通機関を利用するというもので、埼玉県職員やテストドライバーがモニターとなりました。その際、太陽光発電でEV・PHVの充電がどれだけ賄えるか、CO_2削減の効果なども検証されました。さらに、この実証実験では太陽光発電を備えた駐車場に蓄電池設備も追加され、出勤中に再生可能エネルギーでの充電ができる形に進化しました。2013年には、県民参加の実証実験を行い、おおむね好評でした。

群馬・新潟との3県連携や各種イベント参加にも積極的

　埼玉県では、群馬県、新潟県との3県で知事会やサミットをたびたび開いています。充電インフラ整備についても国道17号をモデル路線として、3県が連携して国道17号沿いに重点的に充電インフラを整備。県内に設置された急速充電器94基のうち、33基が国道17号沿いに設置されています。2012年度には、実際に埼玉県庁から新潟県庁まで国道17号づたいに実走行を行い、新潟県庁まで到達することができました。

　また、EV・PHVに対する啓発と理解促進のため、埼玉県は越谷市の"越谷レイクタウン"という巨大ショッピングモールで開催される環境イベント「Act Green ECO WEEK」に2012年度から参加しています。EV・PHVの試乗会や展示会のほか、EV・PHVについて知ってもらうための子供クイズラリーなどを実施。子供から大人まで幅広い層への普及啓発を行っており、今後も引き続き参加する予定です。

Point
- 群馬県、新潟県との3県連携で充電インフラを整備
- 産学官連携によるさまざまな実証実験を実施
- 幅広い層への普及啓発にも取り組む

通勤圏ならではのパーク&ライド

籠原駅の充電用ソーラーパネルと蓄電池付きの駐車場。県民による実証実験も実施

3県連携

埼玉、群馬、新潟の連携で日本海側と結ぶ国道17号沿いで整備されるEVステーション用の「3県連携ステッカー」

Act Green ECO WEEKを楽しむ

子供向けクイズラリーによる啓発活動も行われる

ホンダ・アコードPHVの展示

第4章　全国のEV・PHVタウン&海外の取組み

4-2 全国のEV・PHVタウン　Case4　東京都

EV・PHVの導入促進とともに
EVバスなど公共交通機関でも活用

　中小企業や個人事業者が多い東京都では、国の補助金に加えて独自にEV・PHV購入補助金制度を導入しており、社用車などのEV・PHV化を後押ししています。また、国土交通省と東京都による補助金で導入したEVバスを使った実証試験を、墨田区と羽村市で継続。公共交通でのEVバスの導入事例として動向が注目されています。

　EV・PHVの導入台数は、2013年3月末時点で4826台（EV3091台、PHV1735台）。東京都は、2013年までの短期目標として、新車販売台数の2％、1万5000台を掲げていましたが、目標達成にはなりませんでした。東京都は、容量の大きな電池の開発をはじめ、EV・PHVの性能改善に向けた企業の努力と公的支援が普及促進に不可欠としています。

　一方、充電インフラは、都内で80基の設置を目標とし、普通充電用コンセントについても大量設置と利用開放を推進してきました。2013年12月時点で122基を設置し、目標を達成しています。

EVバスを開発して羽村市と墨田区で運用

　日野自動車製の小型バスであるポンチョを改造してEV化したEVバスを実用化しています。羽村市と墨田区に採用され、実際に運行しています。EVバスのコンセプトは「短距離走行で高頻度充電」。早稲田大学電動車両研究所の紙屋雄史所長とともに2002年から車両開発が行われてきたもので、1日70～80kmの走行で5年間バッテリーを保たせる（約30万km）という目標で走行ルートの設定を行いました。「運行開始1年後に羽村市と墨田区でデータをとったところ、予定通りの数値が確認できた」（日野自動車車両企画部）としており、今後もバッテリーのメンテナンスの自動化など、EVバスの本格運用に向けた研究開発などを継続していくとしています。

　では、実際の運行状況はどうなっているのでしょうか。

　東京都羽村市では、2012年3月10日に全国で初めて「でんきバス　はむらん」の定期運行を開始しました。このEVバスは、同市内にある日野自動車が開発したもので、市内を循環するコミュニティバス路線のうち、羽村駅～市役所～小作駅を結ぶ往復7.4kmの羽村中央コースで運行しています。車体にはEVであ

羽村市のEVバス「でんきバス はむらん」

羽村市役所にある専用の急速充電器で充電中の「でんきバス はむらん」

羽村市役所には急速充電器2基が設置されている。EVバスの運行前後では一般利用者も使用可能

高齢者の利用も多いが、静かさと乗り心地に対する好意的な声が多かった

羽村の「はむ」と「走る(RUN)」を合わせた「はむらん」という愛称が公募で選ばれた

第4章 全国のEV・PHVタウン&海外の取組み　91

ることがわかるようにコンセントをデザインしたロゴをあしらい、EVバスが停車するバス停にも同じロゴが表示されています。

「ルートを1周すると約30分で、1回の充電が20～30分。市内にある福生病院までルートを延伸して欲しいという声も多い」(羽村市役所市民生活部)とのことで、往復14kmのルートに延ばす計画が検討されています。

一方、羽村市とほぼ同時期の2012年3月20日に、墨田区でもEVバス「すみりんちゃん」を区内循環バスに導入しました。「すみだ環境区宣言」の趣旨に基づいた環境配慮の一環として導入されたもので、羽村市と同じ日野自動車製のEVバスを使用。運行は京成バスが担当し、東京スカイツリーを中心に設けられた3ルートの北西部ルートを走っていて、1日52本の運行本数のうち7本ほどがEVバスになっています。

EVを活用したタクシーとカーシェアリングも好調

東京都では、丸の内周辺で2011年10月から2012年2月までの5カ月間にわたって、13事業者・18台のEVタクシーを使ったEVタクシー実用性実証試験走行を行いました。

アンケートによると、今後もEVタクシーを利用したいと回答した乗客が約7割を占め、乗り心地や静かさに対して高評価を得ることができました。一方、乗務員へのアンケートでは、渋滞や長距離走行に対して不安を感じるという意見が多く、早目の充電で対応したという声が寄せられました。しかし、実際の充電切れや充電切れしそうになったケースは約1割と低く、過酷な走行条件で使用されるタクシーでも近距離走行であれば十分な性能を有しているとの結果になりました。今後は、走行距離の不安を払拭すると同時に、充電設備の拡充と24時間営業化が求められます。

また、オリックス自動車では、2010年から荒川区や東京都環境局などと協力してEVカーシェアリング事業を行ってきました。2013年3月には東京都道路整備保全公社と共同でEVカーシェアリング事業を拡大することになりました。新たに5箇所のステーションを設置し、急速・普通充電器も1基ずつ整備しました。現在もオリックス自動車を中心とする民間事業として継続中で、さらなる拡大を目指しています。

> **Point**
> - EVバスの運行やEVタクシーの実証実験など公共交通機関利用にも積極的
> - 羽村市のEVバスは「静かで快適」「乗り心地がいい」と高評価
> - EVタクシーの実証試験では近距離走行であれば十分な性能であると証明

墨田区のEVバス「すみりんちゃん」

スカイツリーの真下を走るEVバス「すみりんちゃん」。デザインは墨田区在住のデザイナーが担当したという

充電中の「すみりんちゃん」

第4章　全国のEV・PHVタウン&海外の取組み　93

4-2　全国のEV・PHVタウン　Case5　新潟県

県内経済の発展を目指して、さらなるEV・PHVの普及促進を

　新潟県では、2015年までに軽自動車の保有台数の0.3％程度（約2000台）のEV・PHVを普及させることを目標としていますが、2014年3月末時点のEV・PHVの普及台数は1145台（EV709台、PHV436台）に達し、順調に伸長しています。県では2013年度まで実施していたEV・PHVへの自動車取得税・自動車税の軽減を2015年度まで延長しています。また2014年度は消費税増税による影響を考慮し、EV・PHV導入に対する補助を実施。2015年度の目標台数2000台に向け、さまざまな施策を実施しています。

　充電インフラに関しても、急速充電器は約15基の設置目標に対して、すでに63基が設置されるなど、目標を大きく上回るペースで整備されています。埼玉県・群馬県との3県連携の取組みとして3県を縦断する国道17号を長距離走行モデル地域とし、積極的に設置を推進してきました。その他、商店街や工場などが持つ充電器を一般に開放してEV利用者に提供する「街中充電ネットワーク」も構築。2014年3月末時点で、427基がネットワークに参加しています。

電気自動車関連産業育成事業（改造EV補助）

　新潟県では、新規のEV・PHVの普及促進に加えて、改造EVの需要喚起のために、改造EVに対する補助を実施しています。EVへの改造に要する経費のうち、1台当たり30万円の補助金を交付。補助対象者は県内の個人または企業などの法人で、EVへの改造を県内で行った場合に補助されます。2014年は12月26日までが申請受付期間となっています。

佐渡市のモニター事業と柏崎市の急速充電器設置事業

　佐渡市では2012年1月から4月まで、市民公募でEVモニター事業を実施し、抽選で計20人が参加しました。さらに2012年9月から2013年7月まで、ホテル・旅館でのEVのモニタリングを実施しました。宿泊客の観光用などに無料でEVを貸し出し、島内観光してもらう試みを「ホテルニュー桂」など市内3箇所の宿泊施設にて実施し、好評を博しました。また、JA佐渡によるEV軽トラックのモニタリングも行ったところ、体験したモニターのうち平野部の稲作農家においては、動力面での不安を訴える声も皆無で、体験後に購入を検

JA佐渡によるEV軽トラックのモニタリング

JA佐渡で行っているEVモニタリング。平野部のユーザーに好評だった

JA佐渡の敷地内に設置された、急速充電器（有料・1回500円）

柏崎三和町ステーションのEV・PHV充電施設

柏崎地域振興局の「柏崎三和町ステーション」

「ここの急速充電器はハンドルが軽くて使いやすい」と好評

第4章　全国のEV・PHVタウン&海外の取組み

討する人も増えています。

また、柏崎市におけるEV・PHVタウンモデル地域の取組みを支援するため、新潟県では市内の柏崎地域振興局駐車場内にEV・PHV充電「柏崎三和町ステーション」を2013年4月にオープン。急速充電器2基、普通充電器1基を設置し、8時30分から20時まで無料で開放しています。仕事帰りの夕方の利用者が多いものの、急速充電器が2基あるため充電待ちの心配がないと好評です。

「助っ人EV」から「EDS」へ進化

走行中に電池切れになっても、すばやく駆け付けて充電してくれる世界初のレスキューEV、通称「助っ人EV」を、サイカワ（柏崎市）が開発しました。2009年に初代試作車を開発し、2012年には蓄電池を搭載した第2号車「助っ人EVⅡ」が完成しました。同社ではさらなる軽量化と車体改良を進めて、電気の配達システム（Electric Delivery System）として活躍できる移動式充放電器「EDS」を完成させ、「食事中にEVをフル充電にしておこう」といった緊急用以外の日常的な利用も視野に入れ、2014年中の市販化を目指しています。

小型モビリティ推進事業

新潟県では、地域内の新たな交通手段として期待されている小型モビリティの製造や運用サービスなど、幅広い分野における産業創造を目指し、県内事業者の新規参入や企業間連携を促進するための取組みを行っています。

その一例として、エクスマキナ（柏崎市）が中心となり、米マサチューセッツ工科大学（MIT）とスペイン・バスク自治州の企業コンソーシアムが共同開発した車両の技術を活用した小型モビリティの設計・製造や、カーシェアリングなどの運用サービスの事業化に取り組むプロジェクトが進められています。

開発中の車両は定員2人で全長2.5m。全長1.5mに折りたためる機能や、360°回転機能を持つなど、市街地での走行に適しています。「機動戦士ガンダム」のモビルスーツデザインなどで有名な大河原邦男氏が担当したボディデザインを第43回東京モーターショー2013で公開しました。今後は、国土交通省が定める超小型モビリティ認定制度に申請し、公道走行の許可を得たうえで県内で導入実証をスタートさせる予定です。

Point
- EV・PHV普及による県内関連産業の振興に期待
- 県内企業による移動式充放電器「EDS」
- 小型モビリティ分野への参入促進

移動式充放電器「EDS」を搭載した助っ人EV

荷台に搭載されているのがEDS。EV救援だけでなく、災害時など家庭への電力供給も可能

総合電線機械メーカーであるサイカワにとっては、異分野への挑戦。「柏崎ブランドの最終製品を地元工業界に送り込みたい」と意欲を燃やす西川正男社長

小型モビリティ

第43回東京モーターショー2013で公開された、エクスマキナで開発中の小型モビリティ（モックアップ）

第4章　全国のEV・PHVタウン&海外の取組み

4-2 全国のEV・PHVタウン　Case6　福井県

CO_2の大幅削減を目指して積極的に導入を支援

　車依存度が高く、走行距離も多い福井県のカーユーザー。1世帯あたり1.743台の車を保有しており、EVやPHVへの買い替えは身近に感じることができます。それだけに「通勤」「配達」などEVやPHVに置き換えしやすいシーンを想定した提案が求められており、さまざまなシーンでの啓発活動を続けています。

　具体的なアクションプランとして、福井県では「本県はEV・PHVを活用した環境配慮都市の構築を目指し、低炭素社会に向け、県民、企業、行政が一体となった事業展開を進める」と明記し、低炭素社会の実現を呼びかけています。

　2014年6月末時点でのEV導入は412台で、PHVが287台の計699台。充電インフラの整備状況は、2014年6月末時点で一般開放の急速充電器29基、普通充電器76基の計105基が整備されています。県民対象のEV体験ツアー参加者からは「電欠の不安」も出ていたこともあり、さらなる整備が進められています。

九頭竜フェスティバルのゆらぎLED燈籠へEVを活用

　「九頭竜フェスティバル 永平寺大燈籠流し」は、大本山永平寺による大施食法要の後、約1万基の燈籠が九頭竜川に流し出される夏の終わりの風物詩です。

　そんなお祭り会場の駐車場から祭り会場にかけて100mにわたるLEDの揺らぎ燈籠をEV（三菱自動車工業のアイ・ミーブ）の電源を活用して点灯させる試みを行ったのが、福井大学明石研究室「あかりプロジェクト」のみなさん。LEDの消費電力は1Wで、今回使われた約60個の揺らぎ燈籠の消費電力は約60W。EVを電源にすると発電機のような音も匂いもせず、60個のLEDの点灯を三日三晩続けてもまったく問題ありませんでした。風情あるイベントの雰囲気を壊さない安全な電源といえるでしょう。

　今回は、祭り参加者の目に付く場所にEVを配置して、電源として利用ができることをPR。市民のみなさんのEVへの関心も高まりました。なお、2013年度には、こうした県民参加型イベントでのレンタカー使用には、県から最大1万円の補助金が出ていました。

県の公用車やコウノトリ見守りに活用されるEV

県庁の公用車には日産自動車のリーフのほか、三菱自動車工業のアイ・ミーブやトヨタ自動車のプリウスPHVを導入（写真はプリウスPHV）

県で2台購入予定のトヨタ車体のコムス1台を、越前市白山地区のコウノトリ見守りのための巡回車に活用

九頭竜フェスティバル

九頭竜フェスティバルで2013年度行われたのが、EVを揺らぎ燈籠の電源として利用する試み。音も匂いもなく、行き交う浴衣姿の人々や夏の風物詩「永平寺大燈籠流し」の風情にもよく合う。福井大学明石研究室の協力により行われた

第4章　全国のEV・PHVタウン&海外の取組み

JTB中部の「県民向けEV体験ツアー」

　福井県がEVの県内普及を図るため、2012年度に「EV体験ツアーモデル事業」の企画提案を公募したところ、JTB中部福井支店が参加。3本の企画が出され、2本は嶺北（福井県北部エリア）をEVレンタカーでめぐるプランで、もう1本は嶺南をEVレンタカーでめぐるプランでした。いずれも宿泊先は200V普通充電器付きホテルで、宿泊すればフル充電が可能。ゼロカーボン・エコツーリズムが楽しめる「県民向けEV体験ツアー」はEVに存分に乗れたと好評でした。利用者アンケートでは、「大変満足」「やや満足」と回答した人が88％に達しました。一方、①走行距離の短さ、②充電設備の少なさ、③価格の高さなど、EVの課題も明らかになりました。

　「EV体験ツアーモデル事業」の宿泊先となった美浜町の「海のホテルひろせ」は、2012年に創業100年を迎えた老舗です。2011年末に県が充電器の補助を行っていることを知り、200V普通充電器を2基設置しました。

　EVで来館する宿泊客はまだまだ少数とのことですが、設備のおかげでゼロカーボン・エコツーリズム宿泊先ホテルに選定されました。ネット上での充電スポット検索サイトにも位置情報が掲載されるなど、EVファンの間では貴重な充電拠点として認知度がアップしています。

寄附金を活用したEV普及を目指す坂井市

　福井県の西川一誠知事が「ふるさと納税」の提唱者ということもあって、福井は寄附に対する理解のある土地柄です。坂井市も以前からさまざまな寄附活動を実施しており、市民の声を政策に反映する「寄附による市民参画」制度を導入しています。

　2012年度には寄附金を活用して日産自動車のリーフを1台導入し、公用車としての利用を始めました。デザインを公募して公用車にラッピングしたところ、採用された地元女子中学生のイラストが好評です。2013年度以降は市内への充電器設置を進めるべく、寄附金募集を行っています。これからさらに、環境に配慮した暮らしにつなげようと、市民はもとより、県外在住者へも積極的なPRを行っていきます。

Point
- 地元のお祭りやホテルのエコイベントなどでEV・PHVをアピール
- 九頭竜フェスティバルでは、電源にEVを利用し大好評
- 旅行会社やレンタカー会社などの企業との連携にも積極的

EV体験ツアー

福井県が企画した県民向けの「EV体験ツアーモデル」を、福井県立大学「観光学ゼミ」(津村文彦准教授)の学生たちとのコラボで商品化したのがJTB中部福井支店。これによって東尋坊などの有名観光地も普通充電器付きホテルを利用したゼロカーボン・エコツーリズムが可能となった

坂井市は寄附でEV事業を推進

"日本一短い手紙""一筆啓上賞"などで有名な旧・丸岡町など4町が合併した坂井市は、ふるさと納税や市民参画寄附を活用してEV事業を展開。2012年度はEVを購入し、2013年度以降は充電器を設置予定。環境に対して、メッセージを送ってくれた人には本などを進呈している

4-2 全国のEV・PHVタウン　Case7　岐阜県

「低炭素エネルギー需給のモデル地域」としてEV・PHVを推進

　岐阜県のEV・PHVの導入台数を見ると、2011年3月168台、2012年3月375台、2013年1月に842台、同年3月末時点で1034台と順調に伸びています。この進捗には、企業と自治体がEV・PHVを率先導入していることが大きな要因となっています。一方、充電インフラについては2013年12月時点で急速充電器が33基。2013年前後に20基という目標をクリアしています。

県下の各市町村で進む地域性を活かした独自の取組み
【岐阜市】
　岐阜市では2011年10月から2012年度まで、「EVカーシェアリング社会実験」を実施しました。利用したEVは日産自動車リーフで、駐車場は岐阜市駅西駐車場に急速充電器を1基整備し、ハンドリングについては名鉄協商に委託しました。会員50人を上限に月額500円、30分300円（以降150円）で運用。その後、2013年度は急速充電器の一般開放の社会実験を実施しました。

【畑中水道】
　郡上市の畑中水道では2011年度「岐阜県グリーンビジネス事業化等総合支援補助金」を受け、太陽光発電や地中熱利用ヒートポンプ空調機とともにEV急速充電器を同社のコインランドリー店舗に導入しました。郡上市を北上する交通の要衝に近いことから、コンスタントに充電施設の利用が続いています。充電器利用者すべてがコインランドリーを利用しているとはいえないようですが、社長は「地域貢献とイメージアップ」をメリットと考え、今後も無料での24時間一般公開を続けていく意向です。

【高山市】
　高山市では、抜群の自然環境と眺望を誇る乗鞍スカイラインでのEV乗り入れ実験を実施しました。マイカー規制のある乗鞍スカイラインをEVでめぐり、散策や登山を楽しめる実証実験は県内を中心に参加希望が多く、2012年度から実施しています。

　また、EVを活用した観光モデルの実証実験としてEV5台をレンタカーとして貸し出し、実用化に向けての課題を検証。さらに急速充電器は高山市役所とひだ荘川温泉「桜香の湯」（道の駅「桜の郷荘川」に隣接する市営温泉）、道の

岐阜市のEVカーシェアリング社会実験

市が駐車場に設置した社会実験用の急速充電器

県庁と高山市役所の充電設備

岐阜県庁内にある急速充電器は公用車専用

高山市役所の急速充電器は無料で一般開放

小店舗EVステーション

郡上市の畑中水道が設置したコインランドリーの充電施設

第4章 全国のEV・PHVタウン&海外の取組み 103

駅「パスカル清見」、平湯バスターミナルに各1基設置。市内の充電インフラの整備が進み、市内で「電欠」の心配がある空白地域が徐々に少なくなってきている状況です。

EV・PHVタウンシンポジウム in 飛騨高山

　経済産業省主催で、EV・PHV普及に向け、国内外の最新の取組みを全国に紹介する「EV・PHVタウンシンポジウム in 飛騨高山」が2013年8月6日、高山市民文化会館で開催されました。2013年度は、第1回の東京に続いて全国で2番目のシンポジウム開催地となり、岐阜県内で充電インフラに取り組む民間業者もパネラーとして登壇しました。

コメダ珈琲店のフランチャイズ店に充電器を設置

　地元の石黒商事は、愛知県に本部があるコメダ珈琲店のフランチャイズ経営に参加し、土岐市下石町にコメダ珈琲店土岐下石店をオープンしました。その店舗に急速・普通充電器を設置したことで、顧客発掘効果も実感しているとのことです。充電インフラの利用頻度は月平均50～70回で、地域住民のほか名古屋周辺、まれに関西や関東からの旅行者も立ち寄るEVスポットとなっています。

　同社は、もともと家庭用LPガスの販売などを手がける会社ですが、太陽光発電設備、貯水設備、AED設置など地域貢献の一環として設備投資を積極的に行っています。また、同社社長は東日本大震災の際も福島復興を支援したり、社長自身もトヨタ自動車のプリウスPHVを利用するなど社会貢献や環境意識が高い経営者です。

岐阜県EV・PHV導入効果シミュレーション

　岐阜県ならではのユニークな試みとして、EVを導入した場合にコストメリットがあるかどうかを、地域や用途といった条件によって試算できるシミュレーターが、2013年8月から県のホームページで公開されています。
(http://www.sangi.rd.pref.gifu.lg.jp/ene/denpi/index.html)

Point
- 地元企業も巻き込んで着実な伸びを見せているEV・PHVの普及
- 地元の畑中水道が太陽光発電と組み合わせた充電インフラを設置
- 地元の石黒商会では隣接するGS社員が充電に対応

石黒商事の取組み

発電・給水・貯水設備を備えた災害対応型給油所では太陽光パネルも設置

急速充電器のほか普通充電用コンセントも備え、EVだけでなくPHVにも対応

急速充電器の設置が進む道の駅

岐阜県には道の駅が多い。写真は高山市が道の駅「桜の郷荘川」に隣接する温泉施設「桜香の湯」に設置した急速充電器。2013年9月には同市内の道の駅「パスカル清見」にも設置された。現時点で土岐市の道の駅「志野・織部」、白川町の道の駅「美濃白川ピアチェーレ」と「清流白川クオーレの里」にも設置済み

第4章　全国のEV・PHVタウン&海外の取組み　105

4-2　全国のEV・PHVタウン　Case8　静岡県

EVの魅力と可能性を広く県内外にアピール

　静岡県は、製造品出荷額が全国上位に位置する"モノづくり県"。次世代自動車への対応を早くから準備することは重要で、「ふじのくに次世代自動車ライブラリー」で最新のEVを1台分解展示するユニークな取組みを展開しています。その他にも、富士山の豊かな自然環境の中で「富士山EVフェスタ」を開催するなど、積極的な取組みを続けています。

　EV・PHV導入目標に富士山の高さ3776mにちなんで3776台（電動二輪を含む）という象徴的な数値を設定。2014年3月時点でEV2413台、PHV857台、電動二輪を含め4328台と目標を達成しました。一方、充電インフラは当初目標の300基を達成したため、2013年3月に500基へと上方修正しています。

静岡ならではの、富士山EVフェスタと清水エスパルスのEV広報車

　2013年8月1日に富士スカイラインの駐車場を拠点に、県と県産業振興財団主催で行われたEV関連イベントが「富士山EVフェスタ」です。本会場では小型モビリティの展示・試乗も行われ、また標高1600mの会場からEV・PHV・電動二輪計35台が標高2500mの五合目駐車場まで隊列走行する富士山EVパレードも実施。その静粛性と登はん力の高さを証明し、静岡県内企業が得意とする高い技術力を披露する場となりました。

　また、Jリーグ「清水エスパルス」が広報車にEVを採用し、ホームゲームやイベントなどで、ファンがEVと触れ合える機会をつくっています。同クラブは長年、環境活動「エスパルスエコチャレンジ」を続けていることもあって、東海三菱自動車販売がアイ・ミーブ1台を貸し出しました。かわいいラッピングを施し、小さな子供や女性にも人気とのこと。練習を見に来た人も見学ができるようになっています。

次世代につなげるためにEV展示や人材育成にも積極的

【ふじのくに次世代自動車ライブラリー】

　県の新成長戦略研究である「次世代自動車の素材加工技術及びその評価技術に関する研究開発」の一環として、浜松工業技術支援センターで実施しているのが「ふじのくに次世代自動車ライブラリー」です。最新のEV1台を分解し、

富士山EVフェスタ

NTNの超小型モビリティで富士山パレードにも参加した川勝平太知事とタジマモーターコーポレーションの田嶋伸博氏。同イベントではEVの展示・試乗も行われ、通常乗れない超小型モビリティを多くの人が体験。絶好のPRになった

清水エスパルスのEV広報車

Jリーグの人気クラブ「清水エスパルス」のEV広報車は子供たちにも大人気

ふじのくに次世代自動車ライブラリー

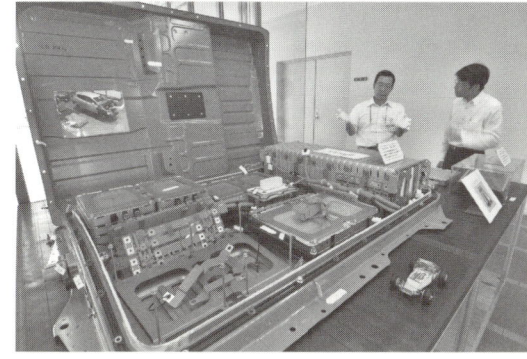

最新EVの分解・展示が大好評の浜松工業技術支援センター内のライブラリー

第4章　全国のEV・PHVタウン&海外の取組み　107

モーターやインバータ、バッテリーなどの部品約150点を展示。係員による詳しい説明も行われるため、見学者の90％以上が「役に立った」との高評価。通常の展示公開のほか、県内の中小企業を対象にEVの機能・構造を学ぶ研修会なども開催していて、いずれも好評とのことです。

【全日本学生フォーミュラ大会inエコパ】
　モノづくり県・静岡にとって人材育成も大きな課題です。小笠山総合運動公園（エコパ）で毎年秋に行われる「全日本学生フォーミュラ大会」（自動車技術会主催）は人材育成に絶好の機会です。2013年からEVクラスが設けられ、この年は8チームがエントリー。富士山EVフェスタに参加した静岡理工科大学も参加するなど、EV技術者養成の場となっています。

地場産業を活かした新たなEV開発も順調

【タジマモーターコーポレーションのEV】
　数々のモータースポーツシーンで活躍し、今も現役レーシングドライバーとして活動を続ける「モンスター田嶋」こと田嶋伸博氏が代表を務めているのがタジマモーターコーポレーションです。同社では「EVレーシングカー」開発のほか、市販車をEV化する「EVコンバージョン」、趣味用に特化した「EVミニスポーツ」などを手がけ、県内企業NTNなどとのコラボにも意欲的です。今後も、モータースポーツの楽しさや遊びをEVに活かす取組みに期待が集まります。

【NTNと磐田市のコンバートEV公用車による実証実験】
　軸受大手のNTNは、車輪の内部のモーターで直接タイヤを動かす装置などを開発し、次世代EV向けの数々の試みを実施しています。その一環として、世界最軽量の減速機内蔵モーターユニットを1台はインホイールに、もう1台は車両側（オンボード）に搭載したコンバートEV2台を活用して、磐田市と連携した実証実験を行っています。左右輪を独立制御できる次世代EVの公道でのデータ集積は貴重といえるでしょう。また、コンバートEVの製作はタジマモーターコーポレーションが担当しています。

Point
- 自動車部品製造が多い静岡は次世代自動車にも積極的
- 世界遺産・富士山でのパレードでは静かなEVが最適
- 自然を満喫できるとともに、山道にも強いことが示された

全日本学生フォーミュラ大会inエコパ

EVクラスも設けられているこの大会は、EV技術者の養成にも絶好

タジマモーターコーポレーションの取組み

タジマモーターコーポレーションは、EVミニスポーツや超小型モビリティ、コンバートEV、レーシングカー開発などを手がける

NTNのEV事業

軸受大手のNTNは、インホイールモーターなどの次世代EV装置や試作車を製作。インホイールとオンボードのコンバートEVを磐田市公用車として実証実験も展開

第4章　全国のEV・PHVタウン&海外の取組み　109

4-2　全国のEV・PHVタウン　Case9　京都府

全国最高水準のEV・PHV普及率を目指す

　2009年、第一期のEV・PHVタウンに選ばれた京都府。翌年2月に策定されたマスタープランでは、京都府をEV・PHVの中心地として情報発信することを宣言しました。また、日本初のEV条例も制定するなど、EVに関する取組みは先進的な地域です。

　EV・PHV導入目標として、2013年度までに5000台、2020年度まで20万台というチャレンジングな数値を設定。充電インフラは2013年度までに急速充電器50基、100V・200Vコンセント7000基の普通充電設備を整備することを目指しました。それに対して、2014年3月時点でのEV・PHVの導入実績は、京都府内で約1500台。目標には届きませんでしたが、保有自動車台数あたりの普及率は全国第4位となっています。一方、一般公開の急速充電器は、カーディーラーや役所、道の駅などの公共施設中心に54基（2014年3月末時点）となっています。

国際観光都市京都ならではの宿泊プランとEVタクシー

　京都ホテルオークラは上原成商事と連携し、EVレンタカー付き宿泊プランを提供しています。環境意識の高い関東方面からのシニア層が中心となるターゲット。使用車両は上原成商事所有のレンタカーである三菱自動車工業のアイ・ミーブで、宿泊料にレンタカー代込みで3万5600円からという料金設定。現在は、1日1組限定の同プランの利用客は月2件ほどですが、今後のPRにより利用率のアップが期待されています。

　もう1つの取組みが、旅行者に対するアピールです。

　京都府ではタクシーやレンタカー事業者を対象にEV・PHV導入に補助金を出しています。2013年時点で、都タクシーでは三菱自動車のアイ・ミーブ1台、日産自動車のリーフ2台、トヨタ自動車のプリウスPHV5台の計8台をタクシーとして運用。一部、子育てタクシーとして利用するなど独自の工夫もしています。

市役所前EV充電ステーション

　「京都府次世代自動車パートナーシップ倶楽部」の観光ワーキンググループ

京都府庁の充電設備

府庁屋上に設置された太陽光パネルと連動した、太陽光発電付き急速充電器

京都ホテルEVレンタカー付き宿泊プラン

烏丸御池に立つ京都ホテルオークラでは、環境意識の高い顧客向けにEVレンタカー付き宿泊プランを1日1組限定で展開。地下駐車場に普通充電器2基も設置

EVタクシーの導入も支援

都タクシーは京都で最初にEVタクシーを導入。EV専用ドライバーとして活躍する女性運転手も人気を集める

第4章　全国のEV・PHVタウン&海外の取組み　111

に参画する上原成商事では、EVおよび充電インフラ整備の調査・研究を進める一環として「市役所前EV充電ステーション」を開設しています。25kW急速充電器（日新電機製）1基と200V普通充電器（パナソニック電工製）1基（2口）は1回60分以内を、当面無料で一般開放中。25kWタイプを採用したためキュービクルが不要で、電気基本料金も上がらず、ランニングコスト抑止に成功した事例として注目を集めています。

京都発ベンチャーGLMと急速充電車「Q電丸」

　環境都市・京都の地で、ピュアスポーツカーメーカーとして次世代自動車ブランドを立ち上げたのがGLMの小間裕康社長です。京都はEV関連の電池技術などの集積地で、スポーツカー文化も存在するという土地柄。こうしたモノづくり環境を背景に、京都大学や京都府、宇治市の支援を受けて、「KYOTO生産方式」という革新的な車体製造技術で伝説的名車を公道で走れるEV市販車として復活させました。リニアな加速を存分に満喫できる流麗で美しい遊び心満載の「トミーカイラ」はEVの付加価値を広げる1台として注目の的です。

　その他にも注目されている車両に、急速充電器付きの専用車があります。BtoBのタイヤロードサービスを行っているモビリティープラスが開発した、急速充電車「Q電丸」です。特許取得済みの「TRUE-G」という、トラックエンジンに小型発電機を内蔵した発電システムで、走行中に発電した電気を床下に敷き詰めたリチウムイオン電池に蓄電します。2トントラックをベースにした特装車には、タイヤの着脱に使う機械のほか、急速充電器（菊水電子工業製）が設置されており、必要な場所に出張していつでもどこでも急速充電が可能という優れものです。

　Q電丸の充電設備のコストは、急速充電ユニットが150万～200万円、蓄電池（12kWh）が240万円、電池保護回路込みで300万円ほど。発電システムTRUE-G付きの2トントラックと急速充電ユニット、蓄電池ユニット込みでおよそ1500万円です。

　今後EVの普及が見込まれる中、移動式の急速充電器のニーズが高まることは間違いなく、さまざまなシーンで欠かせない存在となるでしょう。

Point
- KYOTOブランドを活かし、全国最高水準のEV・PHV普及率を目指す
- 「京都府電気自動車等の普及の促進に関する条例」を施行するなど積極的
- 充電インフラでは計989箇所を理想とする設置リストを公開

上原成商事の充電ステーション

京都市内中心部で一般開放されているのが、上原成商事が運営する「市役所前EV充電ステーション」。中速充電器と普通充電器があり、当面無料で利用できる

京都発ピュアスポーツEV

京都大学発のベンチャー企業であるGLM。ビジネス拠点を大阪に持ちながら、KYOTO生産方式のモノづくりはスポーツカー文化も根づいている京都・宇治市の工房で行う

モビリティープラスの急速充電車

モビリティープラスの急速充電器付き特装車「Q電丸」。ロードサービスでの出張充電からEVレース支援まで、EV時代に期待の1台

第4章　全国のEV・PHVタウン&海外の取組み　113

4-2 全国のEV・PHVタウン Case10 大阪府

さまざまな取組みが結実しつつある「EV・PHVのまち」

　大阪府では「将来ビジョン大阪」構想のもと、産業振興のための「大阪EVアクションプログラム」と地球温暖化対策のための「大阪エコカー普及戦略」を策定し、「大阪府EV・PHVのまち推進マスタープラン」を2015年度まで進めています。

　2012年度末時点で導入台数はEV1715台とPHV706台で計2421台。充電インフラは急速充電器60基、200V普通充電器397基を整備しました。

「グランフロント大阪」はEVリーディング都市の顔

　大阪市北区梅田の「グランフロント大阪」は、EV最先端情報発信拠点の役割を担う新スポットとして注目度上昇中です。

　グランフロント大阪の入り口には、EV・HVタクシー専用乗り場があり、共通ラッピングされた車体が目印になります。

　また、EVスポーツ市販車である「トミーカイラZZ」の実車が、ナレッジキャピタルの「The Lab.」で展示されています。同車のメーカーである京都のGLMは、「KYOTO生産方式」のモノづくりを展開する一方、EVビジネスの拠点として大阪・梅田のグランフロント大阪を活用しているのです。同社の小間裕康社長は、「大阪は関西イノベーション国際戦略総合特区だけに、その環境を活用し大阪の一等地をリーズナブルに利用できる環境は、EVビジネスに参入するベンチャー企業にとって心強い」と話します。

　その他にも、アメリカのEVベンチャーであるテスラモーターズ社の営業拠点や、メルセデス・ベンツの情報発信拠点にもなっています。

　さらに、EVカーシェアリングの拠点もグランフロント大阪です。

　オリックス自動車では、グランフロント大阪の地下駐車場を拠点に、メルセデス・ベンツ日本とのコラボ企画として、スマートEVのカーシェアリングを展開しています。グランフロント大阪だからこそ実現できた事業といえるでしょう。貴重なEV体験の場として有効に機能していて、ユーザーからも「カーシェアリングで街中を走り回るのに、EVは必要十分。得意先にEVで乗り付けた場合の印象もいい」とビジネスシーンでも好評です。

EV最先端情報発信拠点「グランフロント大阪」

同ビルの展示ホールで注目を浴びるのが、GLMのEVスポーツカー「トミーカイラZZ」。米国のEVベンチャーのテスラモーターズ社も同オフィスビルに営業拠点を持つ

グランフロント大阪にあるEV・HVタクシー専用乗り場。共通ラッピングの車体が目印

オリックス自動車がグランフロント大阪の地下を拠点に展開中の、スマートEVのカーシェアリング。オフィス棟のテナント会員に好評

第4章　全国のEV・PHVタウン&海外の取組み　115

地域に密着したさまざまなプロジェクトが結実

【堺市の公用車EVカーシェア】

堺市役所が、民間業者であるタイムズ24との協業で実施しているのが「公用車EVカーシェアリング」です。公用車の休日や夜間の有効活用とEVの普及促進、カーシェアリングの普及など数々のメリットがあり、全国の自治体から注目を集めています。車両購入費や運営費用は市が民間業者に支払い、民間業者は事業費から車両を準備し運営を行うというものです。事業期間が50カ月というのもポイントの1つで、利用率は1台当たり0.77件／日と堅調な利用状況を見せています。

民間システムを利用して成功している点が特徴ということで、全国自治体から視察の希望や問い合わせがあるとのことです。

【デンゲンの移動式急速充電器】

大阪市西淀川区にある充電器メーカーのデンゲンは、「おおさか地域創造ファンド」という府の開発費補助を受け、移動式としては日本初の国の補助金対象である「エリア限定移動式EV急速充電器」を開発しました。購入額は70万円程度とリーズナブルです。出力は10kWなのでキュービクルの必要もありません。さらに、充電データのプリントアウトに加えてSDカードでの保存ができるため、電池の性能などの点検が簡単に行えます。

【ダイワハウス晴美台エコタウン】

堺市の小学校跡地を利用して、ダイワハウスのスマートハウス分譲地が建設されました。このタウン内の集会所では、日産自動車のリーフを共用セカンドカーとするカーシェアリング事業を展開しています。スマートハウスが立ち並ぶエコ分譲地で、EV（リーフ）1台のカーシェアリングを実施中です。充電には、集会所に設置された太陽光発電システムなどの再生可能エネルギーを活用しています。

【関西国際空港（KIX）】

関西国際空港内は、EV利用者の増加に対応して、展望ホールおよび平面駐車場に急速充電器を1基ずつ、立体駐車場内に普通充電器を4基設置しています。「環境先進空港」をうたっていることもあって、社有車にもEVを率先して導入し、大阪国際空港（ITM）との往復や近隣巡回に活用しています。

Point
- 目標は将来「大阪の車の2台に1台をエコカー[※]に」
- 北区梅田の「グランフロント大阪」を拠点にさまざまな情報を発信
- 官民の協力のもと、さまざまなプロジェクトが進行中

※エコカーとは、EV・PHVを含めHVや天然ガス自動車などが該当

デンゲンの移動式急速充電器

デンゲンが開発した移動式急速充電器。「モノづくりの大阪」の中小企業の底力を感じさせる

ダイワハウス晴美台エコタウン

スマートハウスが立ち並ぶエコ分譲地で、EV（日産自動車のリーフ）1台のカーシェアリングを実施中

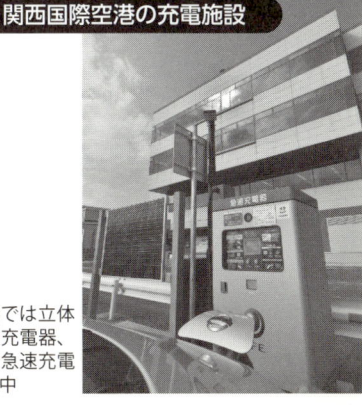

関西国際空港の充電施設

関西国際空港では立体駐車場で普通充電器、展望ホールで急速充電器を一般開放中

第4章　全国のEV・PHVタウン＆海外の取組み　117

4-2 全国のEV・PHVタウン　Case11　鳥取県

広域観光、カーシェアリング、デマンド交通など幅広く利用

　鳥取県は2010年に県庁が率先して急速充電器を設置し、24時間無料で開放しています。これをきっかけに自治体や道の駅でも、24時間無料で自由に使える急速充電器の設置が進みました。2014年7月末時点のEV・PHVの普及台数は550台。2015年度までのEV・PHVの目標を1800台と設定しています。急速充電器の設置状況は、2014年7月末で37基。対人口比での整備率は全国上位の水準です。EV・PHVを活用したカーシェアリングやレンタカーが増えることで、EVを体験する機会が増えれば裾野の拡大が期待できるため、鳥取空港にEV・PHVレンタカーの導入を進めています。

民間との連携で実現したEVカーシェアリングと産官学EVレンタカー

　鳥取市にある智頭石油では、鳥取県からの依頼によって2010年7月に「官民カーシェアリング」を開始しました。3台のEVを月～金は県庁に公用車として貸し出して、土日はレンタカーとして使うという曜日によって用途を変えるカーシェアリングで、現在も継続中です。

　同社では、2013年5月に新しいカーシェアリングもスタートしました。携帯やPCから予約を入れたシェアリング会員は、EVが置いてある駐車場（シェアリングスポット）に行き、会員カードで車のドアを開けてから車を利用します。利用後は同じ駐車場に車を戻してドアを閉め、充電器をつなげばOKという仕組みです。会員カードによるドアの開閉や各種データの管理には、同社が独自にシステム開発した車載器やカードリーダーが使われています。利用料金は15分200円～24時間4300円まで細かく設定されていて、支払いはあらかじめ登録したクレジットカードでの決済となります。

　当初は1箇所でのスタートでしたが、煩わしい手続きが必要ない手軽さのために、3カ月で会員数は4法人、30個人となりました。それに合わせて、シェアリングスポットも鳥取駅周辺や鳥取大学など4箇所に増えています。2014年5月にはPHVのレンタルも開始しました。

　もう1つの取組みがEVレンタカーです。2012年9月、資源エネルギー庁の「給油所次世代化対応支援事業」に、智頭石油、岡田商店（米子市）、鳥取市、鳥取大学の産官学が連携したEVレンタル事業が採択されました。約6000万円

県庁に設置された急速充電器

来庁していた若桜町のEVが充電中

官民連携で実現したEVカーシェアリング

鳥取駅から徒歩1分という利用しやすい場所にあるカーシェアリングのスポット

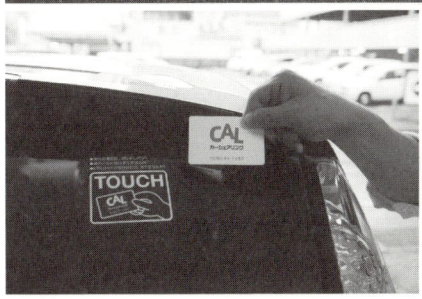

会員カードでリアウインドをタッチするとドアが開閉するシステムを、智頭石油が独自に開発した

返却時の充電の手順も写真入りでわかりやすい

の補助金でEVを10台導入。官民カーシェアリングでは週末に限定されていたEVレンタカーを、ウィークデーも貸し出しています。鳥取市は市営駐車場に急速充電器を設置するなど事業推進を支援し、鳥取大学の大学院工学研究科では「ヒットの方程式」を用いて、マーケティング戦略をサポート。智頭石油によると、ガソリン車よりも稼働率、リピート率ともに高いとのことです。

EVによる広域移動を実現

岡山県と連携しながら、観光ルート上への充電インフラ整備を進める鳥取県は、岡山県が主導する「中国・四国エリア等EV普及広域連携会議」に参画して、急速充電インフラ整備を推進しています。鳥取県内に設置されている急速充電スポットの情報は、ドライブ情報サイト「びあはーる」内の広域マップで確認できます。(http://www.viajar.jp/refine_pc/driveplan)

デマンド方式のEV公共交通

鳥取県西部に位置する大山町では、2012年3月に廃止した町営の巡回バスに代わる公共交通として、日産自動車のリーフを5台導入しました。運行は町内のタクシー事業者に委託していて、電話で予約をして乗車する、いわゆる「デマンド方式（予約型乗り合い方式）」のタクシーとして運営しています。

利用者の多くが高齢者や障がい者ということもあり、町内168の集落に379箇所の「乗り場」を設定しています。町民は、医療機関やスーパーマーケット、金融機関、駅、グラウンド・ゴルフ場など80箇所の「目的地」まで、一律1回500円で乗車できるというシステムです。集落発の時間は7時から14時まで7便設定され、予約は出発1時間前までに行います。一方、目的地発の時間は9時30分から18時30分まで8便設定され、こちらも1時間前までに予約することで乗車することができます。巡回バスの200円に比べると料金は高くなったものの、回数券を利用することで1回316円程度の利用料金に抑えることができます。

大山町によると、車両をEVにしたのは大山という自然の豊かな場所にふさわしい車というのが最大の理由です。大山町は鳥取県屈指の充電インフラ設置数（急速充電器3箇所、普通充電器9箇所）を誇っています。

Point
- 対人口比での急速充電インフラの整備率は全国上位
- EVによるカーシェアリングやレンタカーを推進
- 町営の巡回バスに代わる公共交通としてもEVを利活用中

産官学EVレンタカー

EVレンタカーは直営8店舗、代理店10店舗で250kmエリアをカバー

デマンド方式のEV公共交通

日興タクシーの車庫で充電中の
「スマイル大山号」

介護施設で働く障がい者の
方が通勤に利用するケース
もある

第4章 全国のEV・PHVタウン&海外の取組み

4-2　全国のEV・PHVタウン　Case12　岡山県
鳥取県とも連携しながら、着実に目標をクリア

　中国・四国と近畿との結節点である岡山県は、主導的にエリア内の急速充電インフラの整備を進めるとともに、2014年度には、鳥取県と連携したEVイベントの開催を予定するなど、EVの本格的な普及を目指しています。

おかやま次世代自動車技術研究開発センター（OVEC）
　岡山県では、2011年3月に策定した「岡山県EV・PHVタウン推進アクションプラン」に基づいて、EV普及のための7つの戦略を設定しています。その1つである「研究開発拠点の整備」によって設置された産学官連携のプロジェクトの拠点が「おかやま次世代自動車技術研究開発センター（OVEC）」です。自動車のEV化による産業構造の変化に対応できるように、自動車部品メーカーを中心とした中小16社と岡山県工業技術センター、岡山県、岡山県産業振興財団が中心となって2011年4月に設立されました。第1期プロジェクト（2011年4月〜2014年3月）では、「車から見た製品創り」という考え方に基づいて、モーターをはじめとする次世代自動車に求められる新技術・新製品の研究開発に取り組み、スペース効率が良くて軽量なインホイールモーターを装着した試作EV「OVEC-ONE（オーベック・ワン）」を製作しました。約20の新規開発の製品やシステムが搭載され、ナンバープレートを取得しているため公道走行も可能です。

　2014年度からの第2期プロジェクト（2014年4月〜2017年3月）では、これまで開発した技術のさらなる高度化を図るとともに、自動車メーカーとの共同研究や小型・軽量化を図った新たな試作EVの製作を通じて、量産車への採用を目指した岡山発の次世代EV技術の実用化に取り組んでいます。

鳥取・岡山EV普及連携プロジェクト
　岡山・鳥取両県では、ドライブマップを共同で作成するなど、EVの普及に連携して取り組んでいます。2014年10月には、こうした取組みをさらに進め、電欠の不安なく移動可能な両県の充電器の整備状況などをアピールするため、一般公募によるEVが両県の間をドライブし、電費を競うイベント「中国横断EVエコドライブ・グランプリ」の開催を予定しています。

OVECで生まれた試作EVの「OVEC-ONE（オーベック・ワン）」

OVEC-ONEと開発責任者である吉田寛センター長

20もの新規開発の製品やシステムが詰まっている

広域的なEV移動を進める岡山県

岡山県庁でもEVを公用車としてさまざまなシーンで活用している

ドライブ情報サイト「ぴあはーる」では急速充電スポットと観光スポットの距離を調べることができる

第4章　全国のEV・PHVタウン&海外の取組み　123

中国・四国エリア等EV普及広域連携会議

中国・四国と関西を結ぶ高速道路の結節点にあたる岡山県では、広域的なEV移動をスムーズにする目的で「中国・四国エリア等EV普及広域連携会議」を設立しています。2012年4月、中国5県と四国4県が連携し、EV急速充電器広域マップを作成。ドライブ情報サイト「びあはーる」（運営：デンソーコミュニケーションズ）で、急速充電スポット情報を観光情報とともに提供しています。(http://www.viajar.jp/refine_pc/driveplan)

県下の自治体で順調に進められる公的なプロジェクト

【防災拠点としてEVを活用する総社市】

総社市では、公用車として3台のEVを保有しています。交通事故防止の啓発活動として、EVの車載蓄電池を模擬信号などの電源に使った出前型の交通安全教室を実施しています。電源のない場所でもEVを電源として使えるため、高齢者や幼児でも参加しやすい地域まで出向くことが可能となり好評です。

その他にも、道路の開通式など野外イベントでマイク電源として使ったり、夜間の昆虫観察イベントなどの環境教育の現場で、音や振動が少ないEVを電源に利用しています。また、東日本大震災では、支援活動として釜石市に2台のEVを貸し出しました。

【公用EVを環境教育や防災イベントに活用する久米南町】

公用車にEVを1台導入。主に防犯パトロール車として活用するほか、環境教育や防災イベントなどでも利用しています。

また、地元小学校では三菱自動車工業・水島製作所でEVの製造工程の見学会を行っており、町役場のEVを完成車として実際に見ることで、EVへの関心が高まっています。

2013年には、同町でメガソーラー建設が着工。それらを含めて同町ではエコタウンや環境への意識を高めていく意味を大きいと考えています。そのため、若者の移住や定住促進を図るため整備した「若者定住促進住宅」2棟の駐車場に、普通充電器を設置。町としては、今後、EV所有者の入居を期待しています。

Point
- 鳥取と連携して観光モデルルートを設定
- 中山間地では給油所が減少していることもありEV普及に期待
- 目標のEV1000台、急速充電器20箇所をクリア

総社市では防災拠点としてEVを活用

総社市では幼稚園での交通安全教室にもEVを活用している

EVで環境意識を高める久米南町

久米南町内の小学校でEVを実際に見る子供たち

EVの電源を使った防災研修会が久米南町内の各地区で行われている

第4章　全国のEV・PHVタウン&海外の取組み

4-2 全国のEV・PHVタウン　Case13　佐賀県

24時間のEVユビキタスネットワークを構築

　住宅用太陽光発電の設置率が11年連続全国1位という佐賀県は、環境に対する意識が高い土地柄です。24時間いつでも、どこでも、だれでも利用できる充電スタンドを県全域に整備する「24時間EVユビキタスネットワーク」を構築。"EV・PHVが充電切れの心配なく安心して走れる佐賀県"に向けて多様な取組みを推進し、EV・PHVの普及促進を図っています。2014年3月末時点でのEV・PHVの普及台数は967台（EV728台、PHV239台）で、充電インフラは急速充電器27箇所が整備されています。

ファミリーマートに急速充電器を設置
　佐賀県が掲げる「24時間EVユビキタスネットワーク」の構築を目指すうえで、急速充電器の設置場所の候補になったのが、24時間営業を基本とするコンビニエンスストアでした。開庁時間が限られた県庁などの公共機関に比べると、コンビニは場所もわかりやすく、ユーザーの使い勝手も良好。県の担当者が複数のコンビニチェーンと交渉の結果、最終的に佐賀県、ファミリーマート、日産自動車の三者協定による急速充電器の設置が決定しました。
　地域バランスを考えて15〜30km間隔で候補店を挙げ、駐車場が広い7箇所を選定しました。利用者は店舗カウンターで1回500円を支払ってカギを受け取って充電を行い、充電終了後にカギを返却するという仕組みになっています。500円は電気代と店の手数料に充てられますが、店が負担する電気代の不足分は県が補填します。2013年度の7店舗の月平均の利用回数は20回で、利用数の多い店舗での月平均の充電回数は42回でした。

EVスパを戦略的に整備
　福岡県との県境に近い脊振山地エリアにある日帰り温泉施設に急速充電器が設置されています。この「EVスパ」は、主に都市部からのEVユーザーを狙った戦略的な試みとして注目されています。これまでに「やまびこの湯」（佐賀市）、「なかのゆ」（唐津市）、「山茶花の湯」（吉野ヶ里町）の3箇所に、県の補助金によって急速充電器を設置しました。運営は各市町が担当しています。

ファミリーマートに設置された急速充電器

ファミリーマート佐賀多布施店に設置された急速充電器

料金は1回500円。24時間いつでも利用可能

温泉施設に急速充電器を設置したEVスパ

福岡県からの客が非常に多い「ななのゆ」（唐津市）

充電は1回30分で500円。係員が充電に立ち会ってくれる

第4章　全国のEV・PHVタウン&海外の取組み　127

実績を上げつつある独自のプロジェクト

【平日と土日の利用方法を分けた官民カーシェアリング】

　唐津市でガソリンスタンドの経営と格安レンタカーを手がける平岡石油店では、月〜金を市内の環境保護NPO法人が使い、土日をレンタカーとして活用するEVカーシェアリングを2010年にスタートさせました。2011年4月からは唐津市の公募事業にも採用され、月〜金で唐津市が庁用車として使い、土日はレンタカーとして貸し出す官民カーシェアリングも始まりました。こうしたカーシェアリングの動きに注目した佐賀県では、県のEV公用車3台を土日に無料で4時間貸し出す試乗の試みを2013年度までの3カ年で実施。受付けなどは同社をはじめとするレンタカー業者に委託しました。延べ67日間で162人が試乗しました。

【軽トラックを改造してEV化】

　軽トラック需要が多い佐賀県では、自動車メーカーの軽トラックEVの開発が遅れている点に着目して、早稲田大学の協力を得て2012年に改造軽トラEVの実証実験を、唐津市内の2つの離島で実施。GPSを使ってEVの動き方や電池の減り具合についてデータを収集しました。

【世界初の自販機支払いを実現した急速充電器】

　さらなる普及のために、これから解決していかなければならないポイントの1つとして充電料金の徴収方法があります。それに対して、佐賀県では世界で初めて飲料自動販売機を使った急速充電器の使用料金徴収システムを開発しました。急速充電器の設置費用に加え、自販機の改造費とシステムコントローラーの開発費がかかったものの、インフラ整備と課金を進める新たな料金徴収方法として注目が集まっています。

1万人ローラー試乗会

　できるだけ多くの県民にEV・PHVに試乗してもらうために、県内全域で「1万人ローラー試乗会」を行っています。2013年度は81回の試乗で延べ4842人が試乗。EV2台、PHV1台があるのですが、試乗希望はEVに集中するといいます。なお、運営は県の委託を受けたNPO法人の「温暖化防止ネット」が担当しています。

Point
- EV・PHVが充電切れの心配なく安心して走れる佐賀県
- 24時間営業のコンビニエンスストアに急速充電器を設置
- 世界初の自販機支払いの急速充電器を開発

官民カーシェアリング

「土日のレンタカーとしての人気も高くなっている」と話す平岡石油店の平岡務社長。日産自動車のリーフでもコンパクトクラスのガソリン車と同じ料金設定（12時間2500円）

佐賀で開発された世界初の自販機支払い

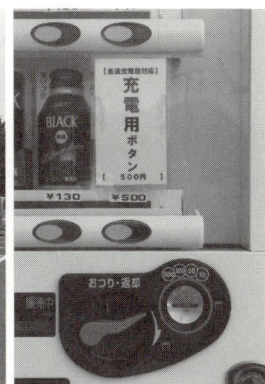

唐津駅そばにある駐車場に設置された自販機による料金徴収のスタンド

料金は30分500円。コイン投入口は1つだが、充電用の料金表示とボタンが新たに追加されている

認知度を上げる取組みの1つ、1万人ローラー試乗会

県内各地のイベントに相乗りの形で行われる1万人ローラー試乗会

4-2 全国のEV・PHVタウン　Case14　熊本県

デザインガイドブック作成など
ユニークな取組みに期待

　熊本県は、2013年5月に産学官の取組みによる「熊本県EV充電器サイン デザインガイド」を作成。県内の充電施設だけでなく、全国の数多くの施設での活用が期待されています。

　これまでは県の公用車としてのEV・PHVの導入をはじめ、試乗体験モニターや観光レンタカーなどの実証実験を通じてEV・PHVに触れてもらい、認知度の向上と理解を深めてもらう取組みを行ってきました。今後は民間による事業化も含んださらなる認知度の向上と需要創出を目指しています。

　普及目標としては、2013年度までにEV・PHV300台、電動バイク1000台、急速充電器10箇所、普通充電器を80箇所程度という数字を掲げていました。EVの導入台数は770台（2014年3月末時点）でPHVの導入台数は不明とのことですが、目標台数は突破しています。県による充電器の設置も、急速充電器が14基、普通充電器が80基となっています。

充電器誘導サインをデザイン

　本田技研工業、崇城大学、熊本県によって進められてきた「インターフェイスデザイン」は、EVや充電インフラ普及をプロモーションするため欠かせない、シンボルロゴのデザインなどを行うというものです。このインターフェイスデザインに含まれる「充電器のサイン」が、崇城大学芸術学部デザイン学科の原田和典准教授によって、1冊のデザインガイドとしてまとめられました。学生たちのアイデアも積極的に取り入れて車種や充電器の種類別にロゴを作成し、その掲示方法や使用例がガイドに掲載されています。ロゴの画像データは熊本県のホームページからダウンロードが可能で、だれでも自由に使うことができます。

　崇城大学と一緒にガイドを作成したホンダでは、県内のホンダカーディーラーをはじめ、東京・青山のホンダ本社でもこのロゴを採用しています。また、熊本市が設置した熊本城三の丸第二駐車場の充電器誘導サインとしても利用されています。利用者からは、「看板などが不統一で充電器のある場所がわかりにくかったが、熊本城の駐車場に設置された充電器誘導サインは、とてもわかりやすい」と好評です。

充電器誘導サインのデザイン

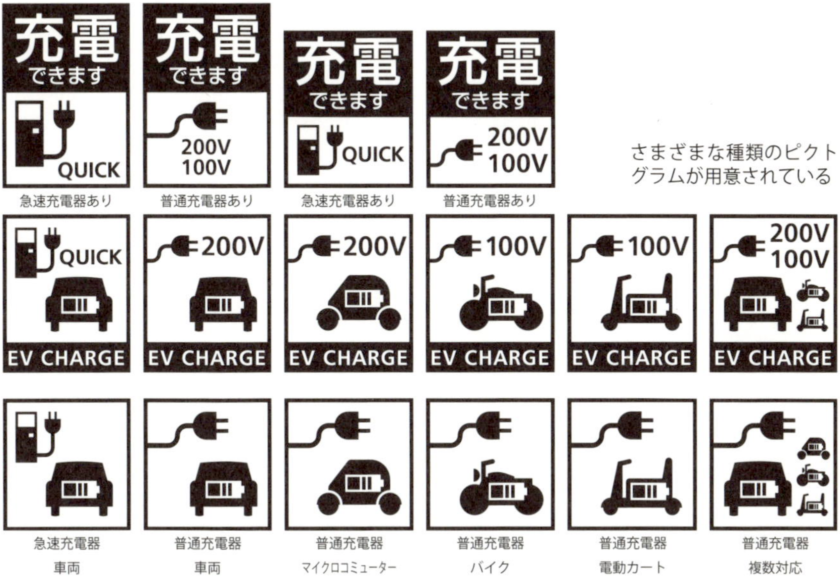

急速充電器あり	普通充電器あり	急速充電器あり	普通充電器あり

さまざまな種類のピクトグラムが用意されている

EV CHARGE	EV CHARGE	EV CHARGE	EV CHARGE	EV CHARGE	EV CHARGE	EV CHARGE

急速充電器 車両	普通充電器 車両	普通充電器 マイクロコミューター	普通充電器 バイク	普通充電器 電動カート	普通充電器 複数対応	

熊本城三の丸第二駐車場の看板のすぐ下に、急速充電器の誘導サインが設置されている

本田技研工業のディーラーでは、緑色ではなく東京電力推奨の青色のロゴを採用している

作成したデザインガイドを持つ原田和典准教授は、誘導サインの整備はとても重要と話す

第4章　全国のEV・PHVタウン&海外の取組み

EV観光試乗体験とEVカーシェアリング

　2013年3月に、熊本県による提案公募型の「次世代パーソナルモビリティの実証実験」として採択され、みなみあそ村観光協会によって2013年5月19日から12月29日まで実施されたのが「EV観光試乗」です。車両は熊本県と実証実験の提携を結んでいるホンダのフィットEVを使用。ホンダが熊本県に貸与している1台を、県が協会にさらに貸与する形となっていました。

　この試乗体験がユニークだったのは、10時から14時まで4時間という長時間のEV走行が無料で体験できるという点です。試乗できるのは1日1組で、受付けは当日の9時45分までに観光協会窓口で申し込むというシステム。希望者多数の場合は抽選でした。

　試乗コースは、「水源と里山めぐりコース」「水源と阿蘇山頂コース」「美術館・ギャラリーめぐりコース」の3コースが用意されていて、コース途中にある観光施設の中から3箇所に立ち寄って、スタンプを押して返却します。阿蘇山頂コースが一番人気で、80％の人が同コースを選択しました。

　熊本県による提案公募型の実証実験として採択された、もう1つのプロジェクトが環境性能の高いEVによるカーシェアリングです。事業主体は、熊本市内で13箇所のカーシェアリングを展開するニューコ・ワンで、既存のシェアリング事業にEV・PHVを組み入れて、CO_2削減効果などを検証します。

　会員の声として、高級外車やオープンカーなどと並んで、EVに乗ってみたいというリクエストも多いとのことです。

超小型EVによる社会実験

　地域性が大きく異なる熊本県、さいたま市、宮古島市という3つの地域で、ホンダが2013年秋〜2015年にかけて、超小型EVを使った社会実験を実施しています。

　この超小型EV（超小型モビリティ）は国土交通省主導で導入が進められたもので、人口180万人の熊本県では、「地域の手軽な移動手段としての効果」「観光地としての魅力の創出」「環境エネルギー問題改善効果」などについて検証を行っています。

Point
- 産学官の取組みで「熊本県EV充電器サイン デザインガイド」を作成
- ホンダと連携して認知度向上を図る
- 超小型EVによる社会実験やEVカーシェアリングにも取り組む

EV観光試乗体験

EV観光試乗では、阿蘇連山の雄大な景色の中でEVの魅力をたっぷりと体感できた

急速充電器と普通充電器が設置されている道の駅「波野」

県内最大規模の観光施設「阿蘇ファームランド」にある急速充電器には、EV観光試乗の体験者も数多く立ち寄るという

EV試乗車には人気のご当地ゆるキャラ「くまもん」のステッカーが熊本とEVをアピール

第4章　全国のEV・PHVタウン&海外の取組み　133

4-2 全国のEV・PHVタウン Case15 沖縄県

EV・PHVの普及と利用促進で環境負荷の低減を目指す

　エコアイランド構想によって独自の施策でEV普及に取り組む宮古島市をはじめ、充電インフラの整備に積極的な南城市など、沖縄県内の自治体ではさまざまな先進的な取組みを行っています。沖縄県は自動車への依存率が高い県であり、EVバスの本格導入やレンタカー利用におけるEV普及に向けた各種推進策にも期待が集まっています。

民間による急速充電インフラの整備
　スマートハウスの定置型蓄電池としても利用できる中古のリチウムイオン2次電池を流通させるためには、EVの普及が必要であり、そのためには急速充電インフラの整備が不可欠ということで、全国初となる充電インフラ整備事業を民間として進めているAEC。2013年8月時点で県内に31基の急速充電器を設置し、課金制で運営しています。利用は会員制で、専用のカードを使います。料金は月会費1000円、利用料が1回500円。今後はタブレット端末を活用した「スマートEVナビ」アプリを開発し、EVを使う楽しさ、メリットを創出していきたいとしています。

EVバス「ガージュ号」
　県民の主な移動の手段を自動車に依存し、観光客の移動もかつてのバス、タクシーからレンタカーへと急速にシフトしている沖縄県は、他地域に比べると運輸部門でのCO_2排出割合も高くなっています。特に県庁所在地である那覇市は3方向から車が集中するため、慢性的に交通渋滞が発生しやすいといいます。朝晩の渋滞ピーク時の平均走行速度は時速14kmで、これは東京23区の渋滞時よりも遅い全国ワーストワン。この渋滞緩和のために、沖縄県では2012年11月からEVバス「ガージュ号」を導入し、新川営業所と沖縄県庁を周遊する11kmのルートで実証運用を行いました。
　2013年2月28日までの4カ月間の実証運用で集めたデータによると、1日4回以上の充電でディーゼルエンジンよりもランニングコストが安くなるという結果が得られたため、そのデータをさらに正確に検証するため、現在2台目のEVバスを製作しています。これまでは昼間の時間帯だけの運行でしたが、

民間で進められている急速充電インフラの整備

ファミリーマートの駐車場に設置された急速充電器。利用は1回500円

充電を開始するにはこのE-Quick端末に会員カードをタッチする

那覇市を走るEVバス「ガージュ号」

いすゞ自動車の中型バスがベースで、走行情報を乗客に提供するモニタリングシステムも搭載

2013年9月からは2台体制となるため、朝晩のラッシュ時にも運行してデータをとる予定です。EVバスの値段は2台で3億円弱。導入費用はほぼ補助金で賄われています。

EV普及と災害時の電源確保を進める南城市と、エコアイランド宮古島

2010年から独自の街づくりに取り組む南城市では、自然環境の保護と観光振興のために、市内4箇所に急速充電器を整備し、将来のEV普及に備えています。台風による停電なども多いため、災害時に電源を確保するために、ニッポンレンタカーと「災害時における電力供給協力に関する基本協定」を締結しています。

また、エコアイランド構想を掲げ、環境モデル都市としてCO_2削減も目指す宮古島市では、EVの普及に向けた先進的な取組みが盛んに行われています。その中から特徴的な事業を紹介します。

【小型EV事業化モデル実証事業】
EV関連の人材育成を目的として、島内の事業者が提携して小型EVを試作しています。現在、試作車のボディは完成、2台目のオリジナル車両の製作に入っています（2014年8月時点）。

【公用車の活用】
公用車のEVを移動図書館として活用。EVの電源を使って、パソコンによる貸出票の管理なども行っています。

【充電インフラの有料化】
2014年6月時点で島内のEV普及台数は100台を超えています。主に個人事業者が配達などに活用。島内唯一の急速充電器がある「マックスバリュ宮古南店」は、県内初のエコストアです。

【超小型EVによる社会実験】
超小型EVを使った離島での街づくりやCO_2排出低減効果の検証、再生可能エネルギーによる運用などの社会実験を、本田技研工業、本田技術研究所、東芝と共同で行う予定になっています。

Point
- 自動車への依存度が高い沖縄県は環境負荷軽減のためにもEV・PHVに期待
- 急速充電インフラは主要幹線沿いの交通拠点や主要観光施設などに整備
- 2013年3月末時点のEV・PHVの保有台数は549台

エコアイランド・宮古島で行われているさまざまな取組み

マックスバリュ宮古南店にある島内唯一の急速充電器

移動図書館として活用されているEVの公用車

試作した小型EV

南西楽園の施設内移動に使われている電動カート

第4章　全国のEV・PHVタウン&海外の取組み

4-3　注目したい自治体の先進的取組み　Case1　伊勢市

低炭素社会に向けた行動計画「おかげさまAction!」を推進

　三重県では、2012年3月に「三重県地球温暖化対策実行計画」を策定し、交通・移動に関しては「自動車に対する過度な依存をせずに暮らせ、環境負荷の低減を実現できるまちづくり」を目指しています。その取組みの1つとして、県内の自治体に「地域と共に創る電気自動車等を活用した低炭素社会モデル事業」への参画を公募し、最終的に伊勢市をモデル地域に決定。2012年度から4年の予定でモデル事業をスタートしました。

　伊勢市では、2012年8月に「電気自動車等を活用した伊勢市低炭素社会創造協議会」を設立。行政、大学、団体、民間事業者と市民が一体となってEVなどを活用した移動手段の新たな使い方の検討を開始。その後、5つのワーキンググループで策定作業を進め、2013年3月には『おかげさまAction!～住むひとも、来たひとも～』という低炭素社会に向けた行動計画を策定しました。検討を行った課題は次の5項目です。
①具体的観光プランの作成
②ショーケース化の実施
③災害時の車両提供等の仕組みづくり
④充電施設等設置・運用指針の作成
⑤シンボルマーク、ピクトグラム等の作成

一般公募で伊勢らしいシンボルマークとピクトグラムを考案
　「おかげさまAction!」を広く告知するため、その活動を表すシンボルマークとEV・PHV用充電インフラ施設の種類と場所をわかりやすく示すピクトグラムを公募しました。

　全国各地から275件の応募があり、その中から優れた作品を最優秀賞として選定するとともに、特別賞を選びました。ピクトグラムは、充電器設置場所を示す場合は、自由に使用できます。伊勢市役所に新設されたエネルギー棟の急速充電器などで利用されています。なお、エネルギー棟には急速充電器が2基設置され、だれでも使える現金（コイン）方式で、1回300円、24時間利用可能です。

伊勢市のシンボルマークとピクトグラム

伊勢の自然と人のつながりをイメージしたというシンボルマーク

クリーンなイメージのピクトグラムは100V、200V、急速それぞれに設定されている

NTNの超小型モビリティ

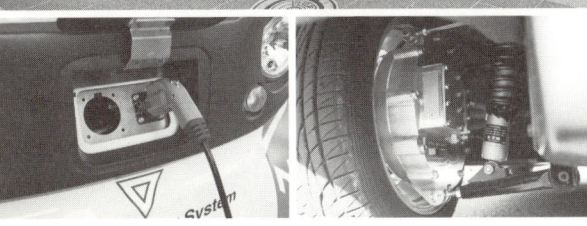

NTNの超小型モビリティ。軽自動車と同じ幅で前後2人乗りという空間の広い設計。後輪2輪にインホイールモーターを搭載しており、加速感はすごい。

第4章　全国のEV・PHVタウン&海外の取組み　139

NTNの超小型モビリティ

　世界的なベアリングの大手企業であるNTNから2人乗り超小型モビリティ5台が、協議会に貸与されています。公道走行可能な超小型モビリティとしては、世界初となるインホイールモーターを採用。駆動部分をNTNが設計開発し、車両部分は静岡県のタジマモーターコーポレーションが担当しました。伊勢市や商工会議所、観光協会などの業務用や各種イベントで活用されています。

　また、協議会ではレジ袋削減による収益金を寄付してもらい、トヨタ車体のコムスを4台購入。狭い道でも静かにスイスイ走る特徴を生かして、市内観光でのシェアリングを検討しています。

市民の生活を支えるピカチュウEVバスと宅配カーシェアリング

　地元のバス会社である三重交通では800台余りのバスを運行していますが、CO_2低減に寄与するために、2012年の秋ごろからEVバスの導入を検討していました。当初は海外メーカーの車両も検討していましたが、耐久性と安全面、空調機能などを考慮して、最終的に国産であるいすゞ自動車の大型ノンステップバスの新車を改造してEV化することになりました。創立70周年を迎えた2014年3月31日から運行を開始。宇治山田駅〜伊勢市駅〜外宮〜内宮というコース1日4往復しています。

　国内で運行しているEVバスはマイクロバスが多いのですが、営業運転しているEVバスで11mクラスのフルサイズというは、国内最大級となります。乗車定員は74名で、座席は32席。充電は伊勢営業所に急速充電器を設置して対応しています。このEVバスの大きなセールスポイントに、「ピカチュウ」の外装（ラッピング）があります。三重県出身の株式会社ポケモンの石原恒和社長がCO_2低減につながる活動に賛同し、今回EVバスとポケモンの組み合わせが実現しました。

　もう1つの取組みが地元商店の宅配の足として、EVを活用するというもの。伊勢市内にある「うらのはし商店街」では、超小型モビリティのコムスを商店街で共有して、近隣の高齢者宅に食料品などを配達するための足として活用する「宅配カーシェアリング」の実証を豊田通商の協力により行いました。

> **Point**
> - 三重県のモデル地域としてさまざまな事業を展開中
> - 独自にシンボルマークとピクトグラムを作成
> - 国内初の大型EVバスが営業運転を開始

三重交通の大型EVピカチュウバス

ポケットモンスター「ピカチュウ」のデザインが人目を引く三重交通の大型EVバス

1人乗りEVコムス

トヨタ車体のコムス。今後はレンタカーとして観光客に貸し出すことも検討中

伊勢市DATA

人口	13万271人
面積	208.53km²
就労人口	6万1635人
65歳以上の割合	約26%

※人口などのデータは平成22年国勢調査による

第4章　全国のEV・PHVタウン&海外の取組み

4-3 注目したい自治体の先進的取組み　Case2　兵庫県淡路島

「あわじ環境未来島構想」の一環で「EVアイランドあわじ」を展開

　兵庫県では、島民をはじめ淡路島内3市、企業、団体とともに「あわじ環境未来島構想」を進めています。このプロジェクトは、「エネルギーの持続」「農と食の持続」「暮らしの持続」という3つの"持続"を柱とし、最終的には生命(いのち)つながる「持続する環境の島」の実現を目指すというもの。2011年12月には、「あわじ環境未来島特区」として国の地域活性化総合特区の指定も受けています。

　柱の1つである「エネルギーの持続」では、メガソーラーの立地促進や、使用済みの菜種油を回収してバイオディーゼル燃料として再利用する「あわじ菜の花エコプロジェクト」など、淡路島の地域資源を活用した再生可能エネルギー創出が進んでいます。

　また、CO_2の排出削減のためにEVの導入を進める「EVアイランドあわじ」も進行中です。公共交通手段が路線バスだけの淡路島では、自家用車が不可欠です。CO_2排出削減のためにはガソリン車をEVに置き換えていくことも重要です。そこで兵庫県では、淡路島を先進的なEV導入モデル地域と位置付け、普及を推進しています。今後は充電インフラ整備を加速することで、安心してEVを走行させることができる環境を整備します。これらの取組みによって、環境に配慮した島として新たな観光の付加価値を創出するとともに、地域住民の暮らしの向上にもつながるものと期待されています。

EV・PHV導入補助と充電器設置事業で県平均の2倍のEV普及率

　淡路島内でのEV購入に対しては、2011年度から県が上限30万円の補助金を支給しています。それもあって、島内のEV登録台数は140台を超え、普及率で見ると全県平均の2倍となっています。2014年度にはさらなる普及を目指して、100台の補助を実施しています。

　島内には2014年7月現在、36基（急速14基、普通22基）の充電器が設置されています。今後は各種補助金の活用によるさらなる充電器設置促進を図るとともに、充電器の設置場所をわかりやすく伝える情報提供やイベントなども行っていく予定です。

淡路島内で順調に普及が進むEV

大規模レジャー施設「ウェルネスパーク五色」には急速1基と普通2基の充電器がある

ビニールハウスで収穫したネギの運搬にEV軽トラを利用している内原三千治さん

淡路市役所に設置された急速充電器

第4章 全国のEV・PHVタウン&海外の取組み　143

島内で順調に進む実証実験とインフラ整備

【高齢者の移動手段としての超小型モビリティ】

　淡路島では路線バスの縮小が進み、特に高齢者の移動手段の確保が課題となっています。「暮らしの持続」に向け、2012年度には日産自動車の2人乗り超小型モビリティのニューモビリティコンセプトを4台使い、「高齢者にやさしい持続交通システム」の構築に向けた実証実験が行われました。

【太陽光発電を行うメガソーラー施設が稼働】

　淡路市佐野新島に2014年3月10日に完成した「あわじ佐野新島太陽光発電所」は、あわじ環境未来島構想における「エネルギーの持続」を象徴するメガソーラー施設の1つ。事業主のクリハラント（大阪市）では、ここに急速充電器を2基設置し、24時間一般開放しています。充電器のすぐ横には、太陽光による現在の発電力を示すパネルも設置されています。

【業務車両としてEVを導入したJA淡路日の出】

　JA淡路日の出は、これまで業務用車両として7台の三菱自動車工業のアイ・ミーブを導入。本店には急速充電器を設置して地域の人にも開放しています。「EVはガソリン代がかからないという大きなメリットがあるので、90台ほどある公用車のうち1日の走行距離が100km以下の車両については、EVへの切り替えを検討しています」（奥田数善さん）としています。

再生可能エネルギーの活用に向けて海外の離島モデルに学ぶ

　再生可能エネルギー活用の先進国デンマーク。バルト海に浮かぶデンマーク領のボーンホルム島は、風力発電をはじめバイオマス利用など、さまざまな再生可能エネルギーを活用した地域活性化に取り組んでいることで知られます。淡路島と同規模の島ということもあって、両島では連携を深めています。ボーンホルム島では、風力発電の余剰電力をEVの蓄電池に蓄え、風力発電の不安定な電力負荷平準化の手段として活用する「EDISONプロジェクト」を実施しています。こうした先進的なプロジェクトの淡路島への導入可能性を調査するため、2013年10月に13人の訪問団が現地を訪れました。今後も、地元の関係者と継続的な情報交換を行っていく旨の「覚書」も締結しました。さらなる協力体制の構築に期待が集まっています。

Point
- 「持続する環境の島」を目指す「EVアイランドあわじ」
- デンマーク・ボーンホルム島に再生エネルギー活用を学ぶ
- 太陽光発電施設内に急速充電器を設置

「エネルギーの持続」の象徴ともいえるメガソーラー施設

クリハラントが運営するあわじ佐野新島太陽光発電所には急速充電器が2基設置されている（工事中に撮影）

デンマークのボーンホルム島に学ぶ

デンマーク・ボーンホルム島のEDISONプロジェクトとの連携を検討

淡路島DATA（3市合計）

人口	14万3550人
面積	592.26km^2
就労人口	7万614人
65歳以上の割合	約30%

※人口などのデータは平成22年国勢調査による

第4章　全国のEV・PHVタウン&海外の取組み

4-3 注目したい自治体の先進的取組み　Case3　薩摩川内市

甑島のエコアイランド化で
環境意識の変換を活性化

　薩摩半島の北西部に位置し、南は鹿児島市といちき串木野市、北は阿久根市に隣接し、西側の東シナ海上に甑島列島を有する薩摩川内市。この地は、火力発電所や原子力発電所が立地するなど、九州地区における基幹エネルギーの供給基地であり、エネルギーの街として発展してきました。

　東日本大震災をきっかけに、多様なエネルギー源の活用をファーストプライオリティと位置付け、市は2011年10月に新エネルギー対策課を設置。将来的な少子高齢化の進展や、顕在化する限界集落の解消といった課題解決につながる処方箋として、「超スマート！薩摩川内市〜みんなで創るエネルギーのまちの未来〜」をキャッチフレーズに次世代エネルギービジョンと行動計画を作成しました。現在、同市では、このビジョンを踏まえた具体的な取組みを進めていますが、その中の「甑島EVレンタカー導入実証事業」「甑島超小型モビリティ導入実証事業」「川内駅〜川内港シャトルバス（電気バス）導入事業」などの事業が、EV関連の事業となっています。

　甑島という島嶼部を実証実験の場所に選んだのは、この島が2014年度の国定公園化を目指しており、それに合わせてエコアイランド化を図る狙いがあるためです。そして、その取組みを将来的には本土地区にも展開していくことで、市民の意識が環境にやさしいライフスタイルへつながっていくことが期待されています。

EVレンタカー3台に対して島内5箇所に普通充電器を設置

　甑島列島は、上甑島、中甑島、下甑島の3島に分かれていて、その他にもいくつかの無人島で構成されています。

　薩摩川内市では、市が導入した3台の三菱自動車工業のアイ・ミーブを島内の3事業者に1台ずつ貸し出して、EVレンタカーの実証実験を行っています。上・中甑島に1台、下甑島に2台という配置で、市役所とレンタカー事業者のカーシェアリングを行っています。これは、エコアイランド化と島民や事業者の環境意識の向上、そして観光振興を目指す取組みです。

　それぞれのEV車両に積載されたテレマティックスで、走行距離やGPS情報、電費、CO_2排出量といった定量データを蓄積すると同時に、利用者の感想

エコアイランド化が進められている甑島

甑島の雄大な景色を眺めながらのドライブは実に爽快

長浜港に設置された普通充電器。三菱自動車工業のアイ・ミーブとトヨタ車体のコムスが並んで充電している姿は、船を下りた人たちの目を引く

狭い道が続く青瀬地区だが、コムスのサイズだとほとんどの道を通ることができるという

第4章　全国のEV・PHVタウン&海外の取組み　147

などのデータも収集。今後の展開に向けた情報として活用していきます。

　現在、島内には支所や港などを中心に5箇所の普通充電器が整備されていて、レンタカー利用者は無料で利用できます。現在は普通充電器だけで対応できていますが、今後は急速充電器設置の必要性についても検討していく予定です。

超小型モビリティの1人乗りコムスを島民の足として提供

　EVレンタカーと並行して甑島で行われているのが、国土交通省の補助活用事業となる超小型モビリティの活用です。現在、1人乗り超小型モビリティであるトヨタ車体のコムスを20台導入。8台が地区コミュニティ協議会、4台が支所、8台がレンタカーとして活用されています。

　狭い道路の多い島の環境にも合致するため、より多くの島民に試乗してもらうことでデータを収集するのが目的ですが、導入当初は航続距離や登坂性能などを不安視する声も少なくありませんでした。そこで市では、電欠の不安解消のために2013年9月に「甑島COMS電欠リレーマラソン」というイベントを開催。フル充電のコムスが実際に甑島で走行できる距離やエコ運転技術を競いました。結果として、カタログ値50kmのところを86km走った車両もあり、島民に性能の高さを体感してもらう好機となしました。

　また、市内にあるポリテックカレッジ川内の学生たちとコムスを使ったワークショップを開催し、若い世代にも超小型モビリティを知ってもらうきっかけも創出しています。

川内駅〜川内港にEVシャトルバスを導入

　2014年4月2日、川内港と甑島を結ぶ新しい高速船が就航するのに合わせて、市ではJR川内駅と川内港を結ぶEVのシャトルバスを導入。往復28kmの距離を4往復しています。バスと高速船のデザインは、「ななつ星in九州」などJR九州の数々の車両デザインを手がけている水戸岡鋭治氏。「九州新幹線〜EVシャトルバス〜高速船」が、すべて水戸岡氏のデザインとなります。観光客を甑島に運び、島ではEVで観光してもらうという構想です。このEVバスへの電源供給は、川内駅の待機所に設置した専用の充電器で行っています。

> **Point**
> - 東シナ海上の甑島のエコアイランド化を推進
> - 超小型モビリティ提供で市民の利便性向上を図る
> - JR川内駅と川内港を結ぶシャトルバスもEV化

薩摩川内市内の学生と行ったワークショップ

2013年12月13日にポリテックカレッジ川内の学生たちと行ったワークショップの様子

川内駅〜川内港を結ぶEVシャトルバス

水戸岡鋭治氏がデザインした新しい高速船「こしきしま」

川内駅と川内港を結ぶシャトルバス。三菱重工業による低床ノンステップのEVバス

薩摩川内市DATA

人口	9万9589人
面積	約683.50km^2（県内市町村で最大）
就労人口	4万4886人
65歳以上の割合	約27%

甑島DATA

人口	5576人
面積	約118.75km^2
就労人口	2325人
65歳以上の割合	約42%

※人口などのデータは平成22年国勢調査による

4-4 海外の取組み　Case1　アメリカ・ニューヨーク

2020年までにタクシーの3分の1をEVに

　アメリカ最大の都市であるニューヨークは、「ビッグアップル」の愛称で知られる世界屈指の大都会。ウォール街やブロードウェイ劇場街を抱え、世界の金融やエンターテインメントの中心地でもあります。地下鉄や路線バスなど多くの交通機関が24時間運行していて、交通網の整備も早くから進んでいましたが、特に「イエローキャブ」の愛称で親しまれているのがタクシーです。その黄色いカラーリングのボディはニューヨークの街並みを象徴する存在といえるでしょう。

　ニューヨーク市では、前市長のマイケル・ブルームバーグ政権下で「2020年までに市内タクシーの3分の1をEVに移行する」という政策を打ち出しました。約1万3000台といわれる全タクシーの3分の1、つまり約4000台超のEVを導入しようという壮大なプランです。その先駆けとして、2013年4月22日の「アースデイ」（地球環境を考える日）から、日産自動車のリーフを使用した試験サービスを開始しました。6台のEVタクシーを1年間限定で運用することで、将来的な実用化につなげようという試みです。

　ニューヨーク市のタクシーは、1台当たり年間9万6000km以上を走行します。その3分の1をEVに移行させることでの環境対策効果はきわめて大きいと考えられます。ニューヨーク市の試算によると、2020年にタクシーのEV化が目標を達成した場合、CO_2排出量の70％以上が削減可能となり、年間排出量に換算すると9万トン以上が減らせる見込みとしています。さらに、ニューヨーク市ではガソリン代や保守コストなどEVタクシーへの移行による財政上のメリットもあります。

　充電インフラに関しては、日本国内仕様と同じ急速充電器を市内2箇所に設置。蓄電池を残量0％から80％まで約30分で充電できます。さらに普通充電器は市内約100箇所に設置されています。現在は6台のみの運用なのでこれでも賄えるようになっています。将来的な本格導入のためには、急速な充電インフラの整備も必要であり、ニューヨーク市タクシー＆リムジン協会では、「2020年時の目標である全タクシーの3分の1をEVに移行すると仮定した場合、450～500箇所に急速充電器の設置が必要になる」と見込んでいます。

ニューヨークのタクシーで試験サービスを行った日産自動車のリーフ

ニューヨーク市内では、6台のリーフをEVタクシーとして試験的に導入。2014年4月まで運用された

環境問題への市民の関心も高く、加速するEVタクシーへの移行

「ニューヨーク市では、タクシー1台で自家用車8台分の距離を走るといわれています。環境汚染対策としてタクシーのEV化は意義が大きいし、ガソリン車を減らすことによるエネルギー対策としても有効でしょう。試験運用では市民にも好評ですし、懸念されていた充電状況も現状では問題ありません。ただし、現状では急速充電器が市内に2箇所しか設置されていません。目標に掲げている全タクシーの3分の1をEVに移行するには、充電インフラの整備を含め、多額なコストも必要になるので楽観はしていませんが、環境対策は人類全体にとっても重大な課題です。目標達成のためには年間10億ドルの予算を組めば、5年で達成できると見込んでいます。環境汚染のことを考えれば、決して高額な金額とはいえないでしょう。市民にも環境問題への関心が強く、理解も得られると考えます」(ニューヨーク市タクシー&リムジン協会代表、デビッド・ヤスキー氏)

〈ドライバーの声〉

「このリーフはイエローとシルバーのツートーンだからカラーリングも目立っていると思う。乗ったお客さんはみんな喜んでいる。EVとわかると興味を持つ人が多く、環境問題に関心のある人は特に喜ぶようだ。ニューヨークではまだEVは珍しいので、中には子供のようにはしゃぐ人もいる。だいたい4時間ほど走って充電しているが、もう少し長く走れるといいと思う。充電はランチタイムやシフトの前後の空き時間を利用して基本的には急速充電器を使っている。普通充電器は時間がかかるのであまり使わないが、市内に100箇所ほど設置されているので、自宅の近くなどで使うこともある」(ドライバーのトニー・アプカーさん)

〈タクシー利用者の声〉

「こんなに静かだとは思わなかった。サイズが少し小さいけど、1人で乗る分には気にならないね。ニューヨークのタクシーがEVに移行するのは賛成したい」(30代/男性)「タクシーにしてはすごくキュートなデザインなので、気になっていた。EVだと聞いて納得。ガソリン車より静かで乗り心地が抜群だと思う」(20代/女性)

Point
- 2020年までにイエローキャブの3分の1をEVタクシーに
- 日産リーフを使用した試験サービスを実施
- 今後は充電インフラの整備も必要

市内に設置されている急速充電器

急速充電器は市内にはまだ2箇所のみ。普通充電器は約100箇所に設置されているが、ドライバーが主に使うのはやはり急速充電器のようだ

独特のカラーリングを採用したEVレンタカー

独特のカラーリングを採用したEVタクシーは街の中でもひと際目立っている

第4章　全国のEV・PHVタウン&海外の取組み　153

4-4　海外の取組み　Case2　エストニア・タリン

温暖化ガス排出枠の代金の一部を電気自動車で支払う契約を締結

　九州と同じくらいの広さの国土に136万人が暮らすエストニア。バルト3国で最も北に位置する国で、中世の街並みが残る首都タリンの旧市街は世界文化遺産にも指定されています。旧ソ連からの独立後は観光産業のほかに、IT先進国を目指して関連産業への振興策なども導入され、タリンは全世界で使われているインターネット電話「Skype」の開発拠点としても知られています。

　2011年3月、エストニア政府から1000万トンの温暖化ガス排出枠を取得する契約を結んだ三菱商事では、「グリーン投資スキーム（GIS）」と呼ばれる仕組みを使って、割当排出量（AAU）の購入代金の一部として日本製のEV（三菱自動車工業のアイ・ミーブ）を507台提供しました。そのうちの435台は高齢者や障がいを持った方の送迎など社会福祉目的でソーシャルワーカーが利用し、残りは中央省庁や地方の公共機関などで利用されています。2国間の相対取引による売買であるGISによって得た資金は、環境対策に利用されますが、EVなどの交通部門の技術に使われるのは世界初の試みです。

　国土面積が狭く長距離の移動が少ないエストニアは、先進的な実証実験を行うのに適した規模であり、これまでも"スマートコミュニティ化"を進めてきました。中でも「ELMOプログラム」を推進中で、今回のEVの導入はそのプログラムの中心的な取組みと位置付けられています。

　エストニア政府はEVの導入にあわせて、充電インフラとして日本が世界標準を目指す急速充電器規格「CHAdeMO（チャデモ）」を導入、排出枠売却によって得た資金で、2013年11月までに163基の同規格の急速充電器が整備されています。

2014年8月の普及台数は約1200台で購入補助金は終了

　経済通信省が主管官庁となって進めているELMOプログラムでは、EV購入に際してバッテリー容量に応じて最大50%（最大1万8000ユーロ）の補助金を支給しました。それによって、2014年8月までに659台のEVに補助金が交付され、プログラム終了を迎えました。エストニア国内には三菱商事から提供された507台を含む、1166台のEVが導入されたことになります。

　今後、PHVのニューモデルが投入されることで、市場動向にも動きが出て

IT先進国のエストニア

Skypeの開発拠点があるIT先進国エストニアでは、街の至るところでWi-Fiが利用可能。携帯電話の普及率は120％を超える

アイ・ミーブ507台を導入

EVの走行データの計測・収集において技術協力しているタリン工科大学でも、独自のロゴでデザインされた三菱自動車工業のアイ・ミーブを2台活用している

第4章　全国のEV・PHVタウン&海外の取組み　155

くると思われます。

「CHAdeMO」方式の急速充電器を163基整備済み

　エストニア政府ではELMOプログラム始動時から、EVの導入と充電インフラの整備を同時に進めるという基本方針を定めていて、これまでに163基の急速充電器を設置済みです。冬には－15℃を下回る日も多いエストニアでは、暖房の使用による走行中の電欠は生命の危険につながりかねないため、国土の50〜60kmに1箇所を目安に急速充電器を設置しました。また、家庭での普通充電器設置に対しては、ELMOプログラムによって1000ユーロの補助金制度が設けられています。

　急速充電器の利用は有料で、3つのカテゴリーに分けた「月会費」によって、「1回あたりの利用料」「充電量の上限」が設定されています。月会費が不要のカテゴリーでは1回10分以下で1.5ユーロ、20分以下で3ユーロ、20分超えると4.5ユーロとなり、月会費が10ユーロのカテゴリーでは1回2.5ユーロ（充電量無制限）、月会費30ユーロのカテゴリーでは利用料は無料ですが、充電量は月150kWhまでとなっています（2014年8月15日時点）。

EVの使いやすさを知ってもらうためにカーシェアリングもスタート

　国民に、EVは安全で使いやすい自動車だということを知ってもらうために、エストニアではさまざまな取組みが進められています。具体的な活動としては、2011年からテレビCMや雑誌広告を通じたEVの認知度アップに取り組んでいるほか、ショッピングセンターなどで実際にEVに触れてもらうイベントなども全国各地で実施しています。2013年7月からはタリンとタルトゥで、試験的にEVの「カーシェアリング」も開始しました。また、ガソリンエンジンとの違いについて学べるように常時EVを展示し、試乗などもできる「デモセンター」もオープンさせています。

　また、公共駐車場を無料で利用できる許可証をEVユーザーに発行するなど、利便性を上げることで普及を促進する施策も導入しています。

Point
- 国を挙げて"スマートコミュニティ化"を推進
- グリーン投資スキームを利用して三菱自動車のアイ・ミーブ507台を導入
- 急速充電器を163基整備済み

さまざまな取組みが進行中のエストニア

石畳の細い道が多いタリンの旧市街でも、小回りの利いた軽快な走行性能を発揮する

ショッピングセンターの駐車場にある急速充電器。カーシェアリング（英語ではRENTと表示）スペースもあり、普通充電器が設置されている。車両は日産自動車のリーフも導入されている

第4章　全国のEV・PHVタウン&海外の取組み　157

日本のEV・PHV技術を世界へ

　さまざまな調査で、EVやPHVの国際市場は中長期的に伸びていくという結果が出ています。例えば、富士経済（東京都中央区）が2013年3月に発表したリポートでは、世界のEV市場が2030年に2012年の43.9倍にあたる307万台になると予測。PHVは同じく32.3倍の194万台に達するとしています。これは、北米やヨーロッパで厳しくなる環境規制に対応可能な商品として、市場シェアを広げると考えられるためです。

　シェアが広がればさらなる技術開発も進み、コストも下がります。それは、一般ユーザーにとっても大きなメリットといえるでしょう。

　国内メーカーのEV・PHVや充電インフラを、海外に普及させる方法の1つに、海外姉妹都市など既存のネットワークを活用する方法があります。自治体によっては、姉妹都市との間で環境交流を行っているケースもあり、国内のEV・PHV普及のベストプラクティスを海外展開する方法も有効です。

　国内メーカーのEV・PHVに適合する充電インフラが海外でも普及すれば、世界中を市場とすることも可能になります。日本国中での多くの取組みによって、大都市や地方都市、中山間部や離島など、さまざまな地域におけるEV・PHV普及のノウハウが蓄積されてきました。これらを海外に適用することで、インフラも含めた国内メーカーの進出の可能性も広がります。

　EV・PHVの充電システムなどの国際標準化競争が進む中、政府は2013年5月、インフラ輸出戦略の主要分野の1つとして「次世代自動車」を新たに選定しました。ODA（政府開発援助）や海外実証、事業化可能性調査などのメニューを取り揃えて海外普及の後押しを行うことになっています。

　これらの活動が実を結べば、さらなる研究開発や生産体制が増強されます。結果として、私たちが多くの恩恵を受けるだけでなく、地球環境保護にもつながることは間違いありません。EV・PHVの国際的な発展に期待したいものです。

【協力】
　一般社団法人　次世代自動車振興センター
【執筆・編集協力】
　石川憲二
　黒川武広（シィズ・オフィス）

電気自動車　プラグインハイブリッド自動車
街を駆けるEV・PHV
基礎知識と普及に向けたタウン構想

NDC680

2014年9月26日　初版1刷発行

（定価はカバーに表示してあります）

Ⓒ　編　者　日刊工業新聞社
　　発行者　井水　治博
　　発行所　日刊工業新聞社
　　　　　　〒103-8548　東京都中央区日本橋小網町14-1
　　電　話　書籍編集部　03（5644）7490
　　　　　　販売・管理部　03（5644）7410
　　ＦＡＸ　03（5644）7400
　　振替口座　00190-2-186076
　　ＵＲＬ　http://pub.nikkan.co.jp/
　　e-mail　info@media.nikkan.co.jp
　　印刷・製本　新日本印刷（株）

2014 Printed in Japan　　落丁・乱丁本はお取り替えいたします。
ISBN 978-4-526-07303-8
本書の無断複写は、著作権法上の例外を除き、禁じられています。